辽宁省台风事件图集
（1961—2020 年）

主　编：崔　妍
副主编：赵春雨　周晓宇　尹宜舟

气象出版社
China Meteorological Press

内容简介

本图集利用辽宁省地面气象观测资料和热带气旋最佳路径资料，采用客观天气方法对1961—2020年影响辽宁省的台风事件进行识别，基于识别结果对历次台风事件致灾因子信息进行调查。图集给出了每场台风的路径轨迹、登陆和强度信息，台风造成的累积降水量、过程最大日降水量、过程最大风速空间分布，以及每场台风的致灾危险性评价信息。图集还总结了辽宁省台风时空分布特征以及台风造成的降水和大风特征，并形成了辽宁省台风致灾危险性区划图。

本图集是一部台风方面的资料工具书，可供气象、农业、水利、交通等领域的科研和业务人员使用，也可供灾害防御、规划等有关部门决策参考。

图书在版编目（ＣＩＰ）数据

辽宁省台风事件图集：1961—2020年 / 崔妍主编
. -- 北京：气象出版社，2022.8
ISBN 978-7-5029-7755-9

Ⅰ．①辽… Ⅱ．①崔… Ⅲ．①台风－天气过程－天气分析－辽宁－1961-2020－图集 Ⅳ．①P458.1-64

中国版本图书馆CIP数据核字(2022)第121164号

辽宁省台风事件图集(1961—2020 年)
Liaoning Sheng Taifeng Shijian Tuji (1961—2020 Nian)

出版发行：气象出版社	
地　　址：北京市海淀区中关村南大街 46 号	**邮政编码**：100081
电　　话：010-68407112（总编室）　010-68408042（发行部）	
网　　址：http://www.qxcbs.com	**E-mail**：qxcbs@cma.gov.cn
责任编辑：陈　红	**终　　审**：吴晓鹏
责任校对：张硕杰	**责任技编**：赵相宁
封面设计：楠竹文化	
印　　刷：北京建宏印刷有限公司	
开　　本：787 mm×1092 mm　1/16	**印　　张**：7.5
字　　数：192 千字	
版　　次：2022 年 8 月第 1 版	**印　　次**：2022 年 8 月第 1 次印刷
定　　价：70.00 元	

《辽宁省台风事件图集(1961—2020 年)》
编委会

主　　编：崔　妍

副 主 编：赵春雨　　周晓宇　　尹宜舟

编写成员：敖　雪　　刘鸣彦　　李经纬

　　　　　侯依玲　　李明倩

前　　言

中国是世界上自然灾害较为严重的国家之一,近年来,每年因灾死亡人口平均超过 2000 人,造成的损失达到 3000 亿元,每遇特别重大的灾害会造成更大的损失。2020 年,全国因地震、海洋、气象、森林等自然灾害造成的经济损失高达 3701.5 亿元,13829.7 万人次受灾,591 人死亡或失踪,19957.6 千公顷农作物受灾。为提高全社会自然灾害防治能力,提升人民群众生命财产安全和国家安全保障能力,2020 年 6 月 8 日,中华人民共和国国务院办公厅印发了《国务院办公厅关于开展第一次全国自然灾害综合风险普查的通知》,第一次自然灾害综合风险普查工作正式开始。

自然灾害综合风险普查包括地震灾害、地质灾害、气象灾害、水旱灾害、海洋灾害、森林和草原火灾 6 大类。台风作为我国最常见、影响范围最广的气象灾害,也是这次气象灾害综合风险的重要灾种之一。台风带来的大风、降水和风暴潮等对沿海城市的基础设施、财产和人身安全均造成严重的影响,大风、强降水等造成的农作物减产或绝收,也成为威胁国家粮食安全的因素之一。2020 年 8 月下旬至 9 月上旬,辽宁省遭受台风"三连击",8 月 26 日强台风"巴威"、9 月 3 日超强台风"美莎克"、9 月 7 日超强台风"海神"在半个月内先后影响辽宁,共造成 62.4 万人受灾,直接经济损失高达 5.2 亿元。

为贯彻落实习近平总书记防灾减灾救灾的系列讲话精神,顺利完成党中央、国务院交由气象部门的风险普查重要任务,获取辽宁省台风灾害的详细致灾信息,进而提升气象防灾减灾能力,沈阳区域气候中心在中国气象局和辽宁省气象局的组织领导下,成立台风灾害风险普查和评估区划技术组,对 1961 年以来影响和登陆辽宁省的历史台风事件进行调查,并在调查基础上开展台风灾害的致灾危险性评估和区划,形成了一系列成果。现将成果的一部分进行总结形成了一套历史台风事件图集。图集共包括 7 个部分,第 1 部分详细介绍了本图集所使用的资料和方法;第 2 和第 3 部分重点分析了影响辽宁省的台风时空分布和台风风雨分布特征;第 4 部分基于风雨分离方法对辽宁省台风致灾危险性进行评估,并形成辽宁省台风致灾危险性区划图;第 5 部分总结了影响辽宁省的典型台风灾害事件;第 6 部分对目前形成的成果和得到的结论进行了总结;第 7 部分给出了 1961—2020 年的历年台风事件简图。每幅简图是对一次台风事件详细调查结果的展示,调查要素包括台风信息(国际编号、登陆信息、强度等)、致灾危险性评价(影响范围、持续时间、过程最大风速、过程最大累积降水量、过程最大日降水量、致灾危险性等级等)、台风路径轨迹以及过程最大风速、过程累积降水量和过程最大日降水量的空间分布。

本图集的编写得到了中国气象科学研究院任福民研究员、贾莉博士和国家气候中心尹宜舟博士的大力支持,在此致以诚挚的谢意!鉴于认识水平有限,书中难免存在不足和纰漏之处,欢迎有关专家和广大读者不吝赐教,不胜感激。

编者

2022 年 3 月

目　　录

1　资料和方法

1.1　资料

本图集制图和统计所用资料包括地面气象观测资料和热带气旋最佳路径资料。其中地面气象观测资料来源于辽宁省气象信息中心,主要包括 1961—2020 年辽宁省 61 个地面气象观测站的逐日降水量和日最大风速(10 分钟平均风速),资料已经过严格的质量控制。热带气旋最佳路径资料来源于中国气象局热带气旋资料中心整理发布的《CMA-STI 西北太平洋热带气旋最佳路径数据集》,包括 1961—2020 年西北太平洋(含南海、赤道以北,东经 180°以西)海域热带气旋每 6 小时的位置和强度。台风的中文名称来自中国气象局热带气旋资料中心整理发布的《ESCAP/WMO 台风委员会西北太平洋及南海海域热带气旋命名表》,该命名表及其相关业务程序从 2000 年 1 月 1 日开始执行。

1.2　方法

1.2.1　台风定义

热带气旋是指生成于热带或副热带洋面上,具有有组织的对流和确定的气旋性环流的非锋面性涡旋系统的统称,包括热带低压、热带风暴、强热带风暴、台风、强台风和超强台风。本图集中的"台风"是指对辽宁省造成影响(降水或大风)的热带风暴及其以上强度的热带气旋。

1.2.2　资料插补方法

由于建站和起始观测时间不同,地面气象观测资料(日最大风速和日降水量)在 1980 年之前可能存在缺测,资料的缺测一方面会在对历次台风致灾危险性等级评价时产生一定偏差,另一方面也会在台风风险区划和评估时使得缺测地区附近出现明显的空间不连续。因此为减少致灾等级评价的不一致性和风险区划的空间不连续性,同时考虑到业务需求,对缺测资料进行插补处理。插补方法采用加权反距离方法,并按照资料观测时间顺序进行。具体步骤为:首先选择某日(如 1961 年 1 月 1 日)的待插补站点,然后基于该日非缺测站点资料采用加权反距离方法对所有缺测站点进行空间插值,得到该日所有站点完整资料。

1.2.3　台风识别方法(OSAT)

可靠的台风识别方法是进行台风特征分析和风险区划评估的基础。一种识别台风的方法是天气图人工分析方法,也被称为专家主观法(ESM),该方法可为预报员提供比较准确的结果,但在进行历史台风识别时比较费时,且不利于结果的客观化。客观天气图分析法(OSAT)模仿了人工识别台风降水的思路并被应用于中国地区台风降水分离,表现出了良好的识别能力和效果。因此,本图集的台风均采用 OSAT 进行识别。OSAT 方法主要分为两个步骤,即不同雨带分离和台风雨带识别,其技术流程见图1.1所示(任福民 等,2011)。

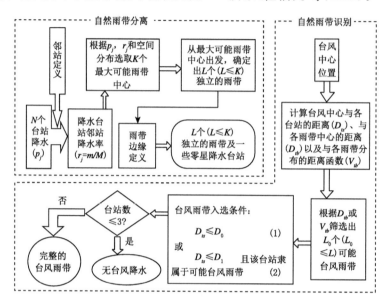

图 1.1 客观天气图分析法(OSAT)的技术流程

1.2.4 台风风雨分离

台风造成的影响主要分为大风和降水,为更好地分析影响辽宁省的台风风雨属性,参考我国沿海主要省份台风风雨分离方法,将影响辽宁省的台风分解为由风主导、雨主导和风雨共同主导三种类型。其具体划分标准如下:将台风影响期间过程日最大风速(MW)≥9米/秒,过程累积降水量(AP)<70毫米且过程最大日降水量(MP)<50毫米的台风视为由风因子主导;过程累积降水量≥70毫米或过程最大日降水量≥50毫米,且过程日最大风速<9米/秒的台风视为由雨因子主导;过程累积降水量≥70毫米或过程最大日降水量≥50毫米,且过程日最大风速≥9米/秒的台风视为由风雨因子共同主导(朱志存 等,2018)。

1.2.5 台风致灾危险性评估方法

台风致灾危险性主要是强降水、大风和风暴潮以及由这些致灾因子带来的次生灾害。但由于风暴潮的资料难以获取,因此目前致灾因子危险性评估均以风雨因子为主。在本图集中,台风风雨致灾因子采用过程日最大风速($H(\text{MW})$)、过程累积降水量($H(\text{AP})$)和过程最大日降水量($H(\text{MP})$)。致灾危险性(hazard)由下式计算:

$$\text{hazard} = 0.4 \times H(\text{MW}) + 0.6 \times \left[\frac{H(\text{AP}) + H(\text{MP})}{2} \right] \qquad (1.1)$$

式中,$H(\text{MW})$、$H(\text{AP})$ 和 $H(\text{MP})$ 分别为过程日最大风速、过程累积降水量和过程最大日降水量致灾危险性,由下式计算:

$$H(\text{MW}) = \sum_{i=1}^{5} (W_i \times P(i)) \qquad (1.2)$$

式中,W_i 为第 i 区间的权重,$P(i)$ 为第 i 区间的累积概率;$H(\text{AP})$,$H(\text{MP})$ 同(1.1)式。

各致灾因子的等级区间及其权重如表 1.1 所示,表中的黑体数字代表致灾因子在该区间内的权重,累积概率则利用信息扩散技术计算得到(张丽娟 等,2009)。

表 1.1　致灾因子的等级区间及其权重

	区间 1	区间 2	区间 3	区间 4	区间 5
MW(米/秒)	[9,10.8)	[10.8,17.2)	[17.2,24.5)	[24.5,32.7)	≥32.7
	0.09	**0.15**	**0.28**	**0.48**	**1**
AP(毫米)	[70,100)	[100,200)	[200,300)	[300,400)	≥400
	0.04	**0.16**	**0.33**	**0.47**	**1**
MP(毫米)	[50,100)	[100,150)	[150,200)	[200,250)	≥250
	0.09	**0.18**	**0.3**	**0.43**	**1**

1.2.6　台风致灾危险性评价标准

致灾危险性评价是对历次台风产生的风雨影响进行评估,评价内容包括影响站点、总降水量、持续时间、平均过程累积降水量、过程最大累积降水量、过程最大日降水量、过程最大风速、过程暴雨站日数、过程大风站日数以及致灾危险性等级。其中影响站点是指受台风影响的总站点数;总降水量是指台风影响期间所有受影响站点的降水量总和;持续时间是指从台风影响开始到结束的持续天数;平均过程累积降水量是指台风影响期间所有受影响站点的过程累积降水量等权平均;过程最大累积降水量是指所有受台风影响的站点中过程累积降水量的最大值;过程最大日降水量是指所有受台风影响的站点中日降水量的最大值;过程最大风速是指受台风影响的站点中日最大风速的最大值;过程暴雨站日数是指台风影响期间,受影响站点达到暴雨量级(日降水量≥50 毫米)的降水日数逐站累计值;过程大风站日数是指台风影响期间,受影响站点达到 6 级及以上(日最大风速≥10.8 米/秒)的大风日数逐站累计值。致灾危险性等级采用一种较为简单的指标进行评定,即过程暴雨站日数和大风站日数之和,评价标准见表 1.2。

表 1.2　台风致灾危险性评价标准

影响范围	判定标准	致灾危险性等级
全省均受到暴雨或大风影响	暴雨＋大风站日数≥60	一级
2/3 地区受到暴雨或大风影响	暴雨＋大风站日数≥40	二级
1/3 地区受到暴雨或大风影响	暴雨＋大风站日数≥20	三级
有地区受到暴雨或大风影响	暴雨＋大风站日数≥1	四级
无地区受到暴雨或大风影响	暴雨＋大风站日数＝0	五级

1.2.7　台风灾害影响评估标准

台风灾害影响评估是对历次台风造成的农业、人员和社会经济损失进行评估。按照气象行业标准《台风灾害影响评估技术规范》(QX/T 170—2012)(全国气象防灾减灾标准化技术委员会,2013),对历次台风造成的灾害影响进行评估,评估因子为死亡人口、农作物受灾面积、倒塌房屋和直接经济损失,将这四个因子加权平均作为台风灾害影响指数(CIDT),综合描述某次台风过程对辽宁省的灾害影响程度。CIDT 计算公式如下:

$$CIDT = 10 \times \sqrt{\sum_{i=1}^{4} a_i d_i} \qquad (1.3)$$

式中,a_i 为灾害因子系数,其取值见表 1.3;d_i 为灾害因子,d_1 为死亡人数(人),d_2 为农作物受灾面积(千公顷),d_3 为倒塌房屋数(万间),d_4 为直接经济损失率(万分之一),按照下式计算:

$$d_4 = \frac{DEL}{GDP} \times 10000 \qquad (1.4)$$

式中,DEL 为直接经济损失,GDP 为辽宁省最新一年(2019 年)的区域内生产总值。

表 1.3 台风灾害影响评估因子系数

a_1	a_2	a_3	a_4
1.281×10^{-3}	6.902×10^{-4}	5.143×10^{-2}	7.137×10^{-4}

根据 CDIT 划分台风灾害影响等级,划分标准如表 1.4。

表 1.4 台风灾害影响等级划分标准

轻灾	中灾	重灾	特重灾
$CIDT \leqslant 2.57$	$2.57 < CIDT \leqslant 5.7$	$5.7 < CIDT \leqslant 10$	$CIDT > 10$

2 辽宁省台风时空分布特征

2.1 台风年际变化特征

    1961—2020 年对辽宁省产生影响的台风共 94 个,平均每年 1.6 个,过去 60 年影响辽宁省的台风频次无明显变化趋势。1994 年和 2020 年影响辽宁省的台风最多,均为 5 个;1962年、1985 年和 2018 年均为 4 个(图 2.1a)。登陆辽宁省的台风共 12 个,其中 1985 年登陆台风最多,为 3 个(图 2.1b)。

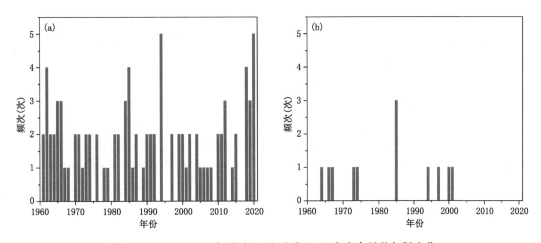

图 2.1 1961—2020 年影响(a)和登陆(b)辽宁省台风的年际变化

2.2 台风月变化特征

    影响辽宁省的台风主要出现在 5—10 月,最早出现在 1961 年 5 月 28 日(6104 号台风"Betty"),最晚出现在 1985 年 10 月 5 日(8519 号台风"Brendan")。8 月最多,共出现 48 次,占总频数的 51%;7 月次之,共出现 27 次,占总频数的 29%;7—8 月的台风占总影响频数的80%(图 2.2a)。登陆台风出现在 7—9 月,8 月最多(8 次),7 月次之(3 次)。

    从逐旬分布变化看(图 2.2b),影响辽宁省的台风主要集中在 7 月中旬至 8 月下旬,期间影响台风占比为 76%。最多出现在 8 月上旬(22 次),其次为 8 月下旬(15 次)和 7 月下旬(13次)。

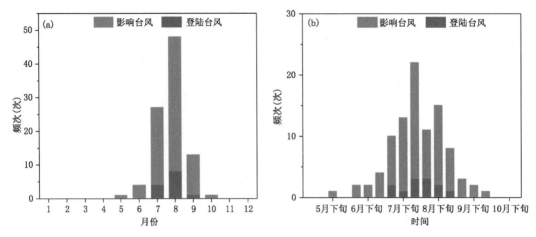

图 2.2 1961—2020 年影响和登陆辽宁省台风的月变化(a)和旬变化(b)

2.3 台风空间分布特征

从影响台风的空间分布看,影响辽宁省的台风基本呈自东南向西北递减的分布特征。东南部的丹东是受台风影响最频繁的区域,1961—2020 年共受到 70 次以上的影响,平均每年 1.2 次,最多的为丹东,共受到 82 次台风影响,宽甸和东港均为 80 次;辽宁中部在 40～60 次,其中沈阳为 53 次;辽西地区受台风影响较少,一般在 40 次以下,最少的为建平镇,共受到 32 次台风影响(图 2.3a)。

从台风登陆的空间分布看,大连市是台风登陆最频繁的地区,12 次登陆台风中 7 次在大连登陆,占比超过 58%;其次为葫芦岛市,为 3 次,丹东和盘锦则分别有 2 次和 1 次(图 2.3b)。

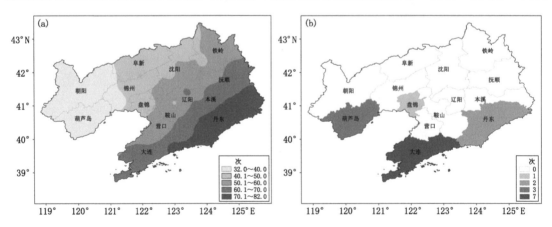

图 2.3 1961—2020 年影响(a)和登陆(b)辽宁省的台风空间分布

3　辽宁省台风风雨分布特征

3.1　台风降水分布特征

辽宁省台风降水自东南向西向北逐渐减少,辽宁东南部地区年平均台风降水量在 40 毫米以上,最大值出现在丹东,为 61.2 毫米;辽宁中部和北部地区年平均台风降水量在 20～40 毫米;朝阳的凌源和建平年平均台风降水量不足 20 毫米,建平镇最少,为 11.4 毫米(图 3.1a)。

从台风降水量占年降水量的比例看,大连南部台风降水量占年降水量的比例相对较高,在 5.6%～7.2%,大连、长海、金州的比例均为 7.2%;辽宁大部分地区台风降水量比例在 3.6%～5.5%;辽宁西部的建平镇台风降水量比例最小,为 2.6%(图 3.1b)。

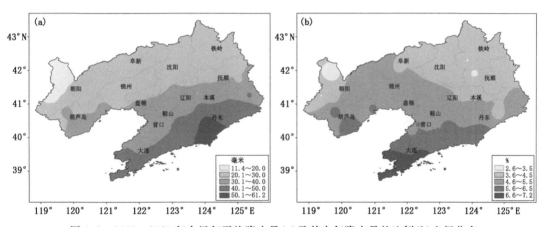

图 3.1　1961—2020 年台风年平均降水量(a)及其占年降水量的比例(b)空间分布

与台风平均降水量相比,台风极端降水空间分布较不均匀。辽宁省 23% 的地区(14 个站点)日最大降水量是由台风导致,离散分布在辽宁省各个地区(图 3.2)。辽宁北部的台风最大日降水量在 100～150 毫米;中部和南部大部分地区在 150～180 毫米;最大日降水量超过 200 毫米的地区则离散分布在葫芦岛、朝阳和大连,最大值在大连普兰店(253.1 毫米,图 3.3a),过程出现时间为 2018 年 8 月 20 日,由 1818 号强热带风暴"温比亚(Rumbia)"造成。

辽宁省台风最大过程降水量在 96.0～317.3 毫米,大部分地区在 150～250 毫米,最少的地区为抚顺新宾(96.0 毫米),最多的为盘锦大洼(317.3 毫米)(图 3.3b),过程出现时间为 1985 年 8 月 18—20 日,由 8509 号强热带风暴"Mimie"造成,该台风在大连市旅顺口区附近登陆。

台风暴雨出现在辽宁所有地区,暴雨日数在 2.0～29.0 天(1961—2020 年之和)。辽宁西部和北部地区台风暴雨日数不足 10 天;环渤海地区在 10～15 天;辽宁东南部和大连南部地区

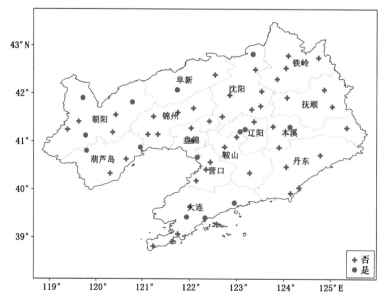

图 3.2 日最大降水量为台风降水的空间分布

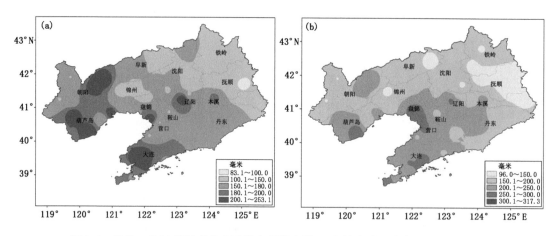

图 3.3 1961—2020 年辽宁省台风最大日降水量(a)和最大过程降水量(b)空间分布

在 15~20 天;丹东、凤城和东港超过 20 天,分别为 29 天、23 天和 22 天(图 3.4a)。

台风暴雨日数占总暴雨日数的比例在 5.7%~16.3%。辽宁东部和北部地区大部分在 10% 以内;辽宁西部和南部在 10%~12%;大连地区在 14% 以上,最大值为 16.3%(大连金州,图 3.4b)。

3.2 台风大风分布特征

辽宁省台风大风日数在 3.0~40.0 天(1961—2020 年之和)。辽宁大部分地区台风大风日数不足 10 天;环渤海地区均在 10 天以上;大连地区超过 15 天,最多出现在大连长海(40 天,图 3.5a)。

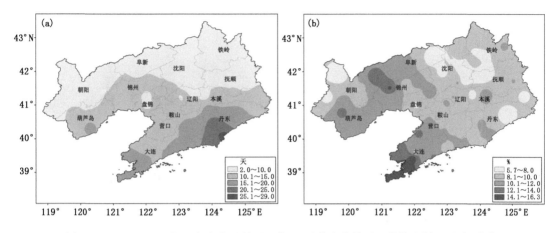

图3.4　1961—2020年辽宁省台风暴雨日数(a)及其占总暴雨日数的比例(b)空间分布

台风最大风速在11.9~46.0米/秒。朝阳和葫芦岛的台风最大风速不足13.8米/秒;中部和北部大部分地区在13.9~17.1米/秒;大连南部地区则超过了20.8米/秒,最大值在金州(46.0米/秒,图3.5b),过程出现时间为1972年7月26日,由7203号超强台风"Rita"造成。

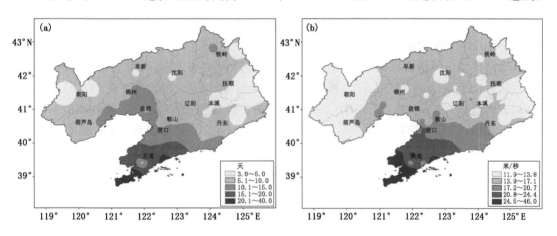

图3.5　1961—2020年辽宁省台风大风日数(a)和大风极值(b)空间分布

4 辽宁省台风致灾危险性评估

将影响各地区的台风按照风雨分离方法将其分解为由风主导、雨主导和风雨共同主导三种类型。

从不同类型的台风发生频次看,由风因子主导的台风最大值出现在大连长海(7 次),其次为锦州北镇、阜新彰武、大连的旅顺和大连市区、丹东市区(4 次),营口和大连西部为 3 次;辽西和辽北大部分地区为 2 次;本溪、辽阳和抚顺地区不足 1 次(图 4.1a)。由雨因子主导的台风出现在辽宁的所有地区,且自西向东逐渐增加。丹东、本溪和抚顺东部超过 35 次,丹东宽甸和本溪桓仁分别为 51 和 48 次;辽宁中部和南部在 20～35 次;辽西不足 20 次,最少的为葫芦岛兴城,由雨因子主导的台风为 12 次(图 4.1c)。由风雨共同主导的台风较大值主要分布在大连地区和丹东南部,在 15 次以上,大连长海和丹东东港分别为 34 次和 27 次;辽宁大部分地区在 10～15 次;朝阳地区不足 10 次(图 4.1e)。

从不同类型台风所占比例看,辽宁省的台风主要以雨主导为主,风雨主导次之,仅以风主导的台风占比不超过 10%。辽宁 74% 的地区(45 个站)风主导台风比例在 5% 以下,长海风主导台风占比最高,为 10.1%(图 4.1b)。由雨主导的台风比例在 25%～65.2%,辽宁东部和北部地区占比相对最高,均超过了 50%,本溪草河口以 65.2% 的比例最高;其他地区则多在 40%～50%(图 4.1d)。风雨共同主导的台风比例在 10%～50%,大部分地区在 20%～30%,辽东的本溪和抚顺在 10%～20%,大连长海和旅顺、葫芦岛市区和兴城均在 40% 以上,最高为长海(49.3%)(图 4.1f)。

总体而言,辽宁省大部分地区的台风以雨主导台风为主,其次为风雨共同主导。辽宁东部地区主要以雨主导居多,环渤海地区则以雨主导和风雨共同主导为主。

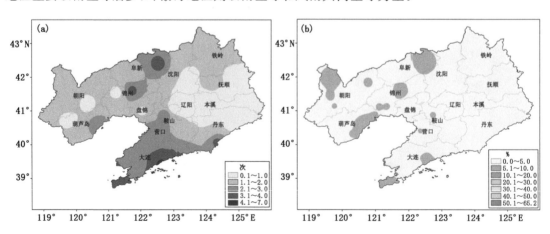

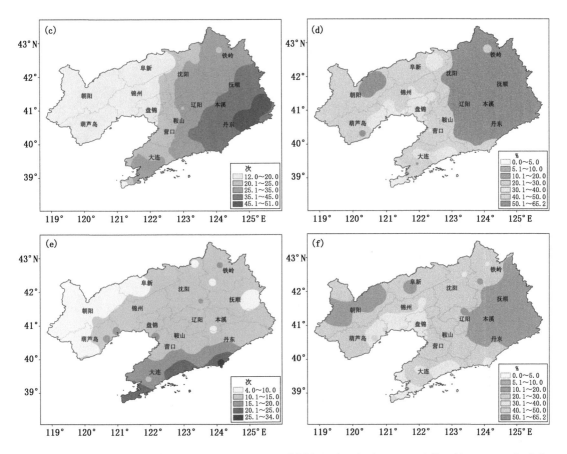

图 4.1 1961—2020 年辽宁省风主导、雨主导和风雨共同主导台风频次(a,c,e)及其比例(b,d,f)空间分布

以过程最大风速作为风因子,过程累积雨量和过程最大日降水量作为雨因子,对辽宁省台风致灾危险性进行分析,并将其划分为低、较低、较高、高四个等级。可以看出,辽宁省风因子致灾危险高等级区主要位于大连地区和丹东南部地区,全省大部分地区为较低等级,辽西和沈阳、辽阳地区为低等级区(图 4.2a);雨因子致灾危险高等级区主要位于大连东部、南部和丹东南部地区,环渤海地区多为较低等级,辽宁北部和朝阳地区为低等级(图 4.2b);风雨因子共同导致的综合致灾危险高等级区主要位于大连地区和丹东南部,葫芦岛、锦州、盘锦、营口和鞍山地区多为次低等级,辽宁中北部地区则多为低等级(图 4.2c)。

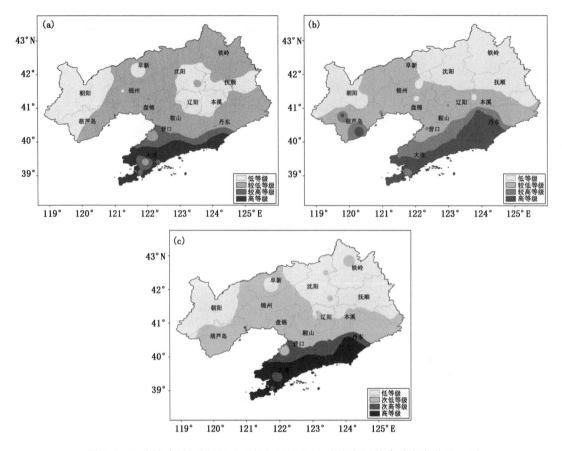

图 4.2　辽宁省台风风因子(a)、雨因子(b)和风雨因子(c)综合致灾危险性区划

5 辽宁省典型台风灾害事件

按照"资料和方法"一节中"台风致灾危险性评价标准"和"台风灾害影响评估标准",对影响辽宁省历次台风事件进行致灾危险性等级和灾害影响等级评价。影响辽宁的 94 个台风事件中,致灾危险性达到一级的台风共 4 个,二级 10 个,三级 10 个,四级 38 个,五级 32 个。在致灾危险性等级为一级和二级的 14 个台风中,灾害影响达到特重灾的为 2 个,重灾的为 4 个,中灾为 3 个,轻灾为 4 个,无灾为 1 个。致灾危险性为一级的四个台风灾害影响均达到了重灾以上级别。14 个典型台风灾害事件的详细统计信息和灾害损失信息见表 5.1。

表 5.1 辽宁省典型台风灾害事件

序号	台风事件							致灾因子评估						灾害影响评估				
	台风序号	CMA编号	台风名称	台风强度	登陆时间	登陆地点	影响时间	过程最大累积降水量(毫米)	过程最大日降水量(毫米)	过程最大风速(米/秒)	过程暴雨日数(站日)	过程大风站日数(站日)	致灾危险性等级	死亡人口(人)	农作物受灾面积(万公顷)	倒塌房屋(间)	直接经济损失(万元)	灾害影响等级
1	199714	9711	Winne	超强台风	1997-08-20	盘锦市大洼县	1997-08-20—21	232.3	178.6	20.7	66	47	一级	0	87	10000	5985.7	重灾
2	198515	8509	Mimie	台风	1985-08-19	大连市旅顺口区	1985-08-18—20	317.3	242.5	32.7	47	51	一级	84	105.86	107000	—	特重灾
3	198408	8407	Freda	强热带风暴	未登陆	未登陆	1984-08-10—11	229.7	229.7	18	19	52	一级	61	60.81	20000	407.6	重灾
4	199417	9415	Ellie	台风	1994-08-16	大连市长海县	1994-08-15—16	226	188.9	22	48	22	一级	19	48.33	13357	39500	重灾
5	201211	1210	达维(Damrey)	台风	未登陆	未登陆	2012-08-02—04	260.6	198.3	11.8	57	1	二级	0	8.73	0	836208	中灾
6	201912	1909	利奇马(Lekima)	超强台风	未登陆	未登陆	2019-08-11—14	266.2	140.7	14.4	46	6	二级	0	4.94	93	53873.14	轻灾
7	196213	6208	Opal	超强台风	未登陆	未登陆	1962-08-07—08	162.9	162.9	12.3	14	34	二级	36	23.97	57076	—	重灾
8	197209	7203	Rita	超强台风	未登陆	未登陆	1972-07-26—27	106.1	96.3	46	6	41	二级	19	3.46	1565	1214	轻灾

续表

序号	台风序号	CMA编号	台风事件					致灾因子评估						灾害影响评估				
			台风名称	台风强度	登陆时间	登陆地点	影响时间	过程最大累积降水量（毫米）	过程最大日降水量（毫米）	过程最大风速（米/秒）	过程暴雨日数（站日）	过程大风日数（站日）	致灾危险性等级	死亡人口（人）	农作物受灾面积（万公顷）	倒塌房屋（间）	直接经济损失（万元）	灾害影响等级
9	196308	6306	Wendy	超强台风	未登陆	未登陆	1963-07-20—20	234	234	15	15	32	三级	139	60	117000	32	特重灾
10	197425	7416	未命名	强热带风暴	1974-08-30	大连市旅顺区	1974-08-29—09-01	80.7	65.3	25	1	43	三级	—	—	—	95.9	轻灾
11	196522	6512	Jean	超强台风	未登陆	未登陆	1965-08-06—07	82.4	82.4	12	5	39	三级	—	—	—	—	—
12	196206	6203	Joan	台风	未登陆	未登陆	1962-07-10—11	94.2	87.6	14.3	4	38	三级	—	0.95	—	—	轻灾
13	199110	9109	Caitlin	台风	未登陆	未登陆	1991-07-29—30	227.3	227.3	14	35	6	三级	2	9.84	2763	8943.2	中灾
14	197303	7303	Billie	超强台风	1973-07-20	葫芦岛兴城市	1973-07-18—20	167.6	97.8	16	22	18	三级	24	11.76	6589	170	中灾

注：灾情资料来自《中国气象灾害大典·辽宁卷》和年度气象灾害灾情续报，其中"—"代表调查数据缺失。

6 结论和讨论

　　(1)1961—2020 年对辽宁省产生影响的台风共 94 个,过去 60 年影响辽宁省的台风频次无明显变化趋势,年最多可达 5 个(1994 年和 2020 年);登陆辽宁的台风共 12 个,年最多为 3 个(1985 年)。影响辽宁的台风主要出现在 5—10 月,8 月最多,7 月次之;旬分布以 8 月上旬最多。从出现时间来看,最早出现在 1961 年 5 月 28 日(6104 号台风"Betty"),最晚出现在 1985 年 10 月 5 日(8519 号"Brendan")。登陆台风主要出现在 7—9 月,8 月最多。从空间分布看,辽宁省台风呈自东南向西向北递减的分布特征,丹东受台风影响最频繁,为 82 次,建平镇最少,为 32 次。台风登陆最频繁的地区为大连市,12 个登陆台风有 7 个在大连登陆。

　　(2)台风降水自东南向西向北逐渐减少,年平均台风降水最多的地区为丹东(61.2 毫米),最少为建平镇(11.4 毫米);台风降水量占年降水量比例最高的地区为大连、长海和金州(均为 7.2%),最低为建平镇(2.6%)。台风造成的最大日降水量为 253.1 毫米,出现在 2018 年 8 月 20 日的大连普兰店,由 1818 号强热带风暴"温比亚(Rumbia)"造成;最大过程降水量为 317.3 毫米,出现在 1985 年 8 月 18—20 日的盘锦大洼,由 8509 号强热带风暴"Mimie"造成,该台风在大连市旅顺口区附近登陆;台风最大风速为 46.0 米/秒,出现在 1972 年 7 月 26 日的金州,由 7203 号超强台风"Rita"造成。

　　(3)影响辽宁地区的台风主要是以雨主导台风为主,其次为风雨共同主导。辽宁东部地区主要以雨主导台风居多,环渤海地区则雨主导和风雨共同主导台风为主。雨主导的台风最多的地区为丹东宽甸(51 次),风主导台风最多的地区为大连长海(7 次),风雨共同主导台风最多的地区为大连长海(34 次)。大连地区和丹东南部风因子和雨因子的致灾危险等级均处于全省最高,辽西的风因子和雨因子致灾危险等级最低;从风雨综合致灾危险性来看,高等级区主要位于大连地区和丹东南部,葫芦岛、锦州、盘锦、营口和鞍山地区多为次低等级,辽宁中北部地区则多为低等级。

7　历年台风事件简图

1961 年

台风信息

年份：1961

序号：5

国际编号：未编号

CMA编号：6104

名称：Betty

登陆时间：未登陆

登陆地点：未登陆

登陆强度：未登陆

生命期起止时间：1961-05-21 — 1961-06-01

生命期强度等级：强台风

影响期起止时间：1961-05-28 — 1961-05-28

影响期强度等级：强热带风暴

致灾危险性评价

影响站点：16站

总降水量：159.4毫米

持续时间：1天

平均过程累积降水量：10毫米

过程最大累积降水量：15.6毫米(桓仁)

过程最大日降水量：15.6毫米(桓仁)

过程最大风速：6.5米/秒(丹东)

过程暴雨站日数：0站日/0站

过程大风站日数：0站日/0站

致灾危险性等级：五级

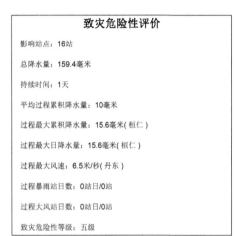

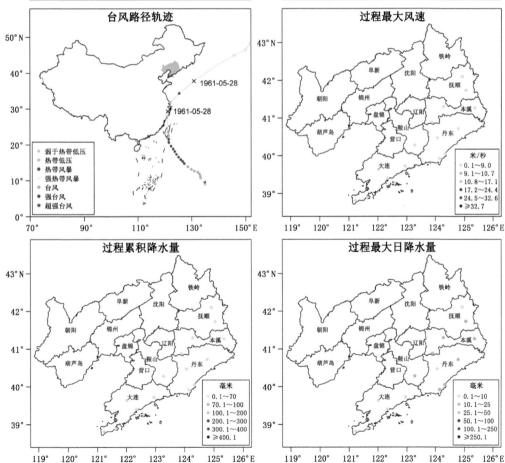

台风信息

年份:1961

序号:17

国际编号:未编号

CMA编号:6113

名称:Helen

登陆时间:未登录

登陆地点:未登录

登陆强度:未登录

生命期起止时间:1961-07-23 — 1961-08-06

生命期强度等级:强台风

影响期起止时间:1961-08-03 — 1961-08-04

影响期强度等级:热带风暴

致灾危险性评价

影响站点:17站

总降水量:99.3毫米

持续时间:2天

平均过程累积降水量:5.8毫米

过程最大累积降水量:24.7毫米(新宾)

过程最大日降水量:20.7毫米(桓仁)

过程最大风速:7.2米/秒(康平)

过程暴雨站日数:0站日/0站

过程大风站日数:0站日/0站

致灾危险性等级:五级

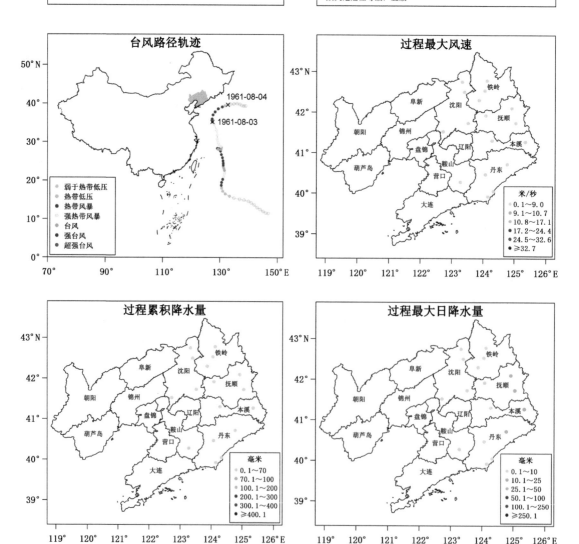

台风路径轨迹

过程最大风速

过程累积降水量

过程最大日降水量

1962 年

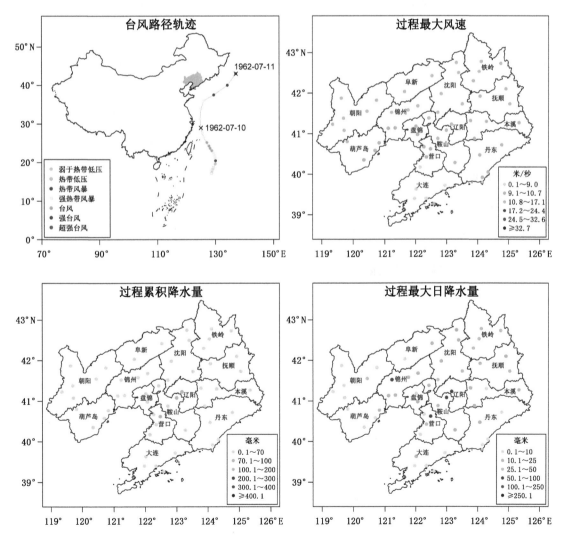

台风信息

年份：1962

序号：6

国际编号：未编号

CMA编号：6203

名称：Joan

登陆时间：未登陆

登陆地点：未登陆

登陆强度：未登陆

生命期起止时间：1962-07-06 — 1962-07-11

生命期强度等级：台风

影响期起止时间：1962-07-10 — 1962-07-11

影响期强度等级：强热带风暴

致灾危险性评价

影响站点：53站

总降水量：1288.1毫米

持续时间：2天

平均过程累积降水量：24.3毫米

过程最大累积降水量：94.2毫米(大石桥)

过程最大日降水量：87.6毫米(辽阳)

过程最大风速：14.3米/秒(沈阳)

过程暴雨站日数：4站日/4站

过程大风站日数：38站日/38站

致灾危险性等级：二级

台风路径轨迹

过程最大风速

过程累积降水量

过程最大日降水量

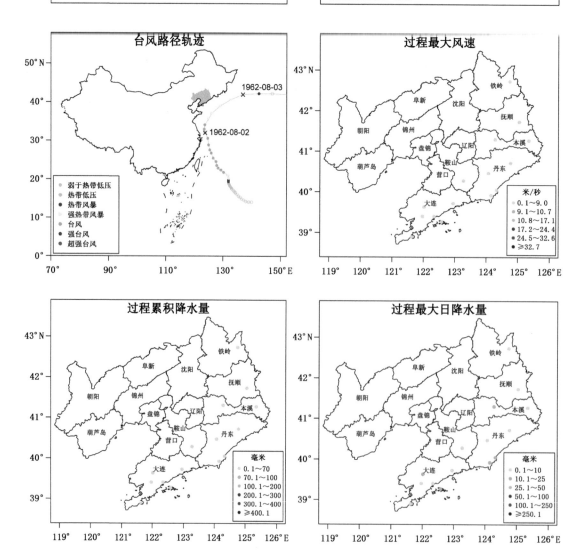

台风信息

年份：1962

序号：10

国际编号：未编号

CMA编号：6207

名称：Nora

登陆时间：未登录

登陆地点：未登录

登陆强度：未登录

生命期起止时间：1962-07-25 — 1962-08-06

生命期强度等级：台风

影响期起止时间：1962-08-02 — 1962-08-03

影响期强度等级：台风

致灾危险性评价

影响站点：15站

总降水量：115毫米

持续时间：2天

平均过程累积降水量：7.7毫米

过程最大累积降水量：24.2毫米(丹东)

过程最大日降水量：21毫米(东港)

过程最大风速：7.1米/秒(新宾)

过程暴雨站日数：0站日/0站

过程大风站日数：0站日/0站

致灾危险性等级：五级

台风路径轨迹

过程最大风速

过程累积降水量

过程最大日降水量

台风信息

年份：1962

序号：13

国际编号：未编号

CMA编号：6208

名称：Opal

登陆时间：未登录

登陆地点：未登录

登陆强度：未登录

生命期起止时间：1962-07-30 — 1962-08-14

生命期强度等级：超强台风

影响期起止时间：1962-08-07 — 1962-08-08

影响期强度等级：热带风暴

致灾危险性评价

影响站点：47站

总降水量：1774.7毫米

持续时间：2天

平均过程累积降水量：37.8毫米

过程最大累积降水量：162.9毫米(丹东)

过程最大日降水量：162.9毫米(丹东)

过程最大风速：12.3米/秒(熊岳)

过程暴雨站日数：14站日/14站

过程大风站日数：34站日/34站

致灾危险性等级：二级

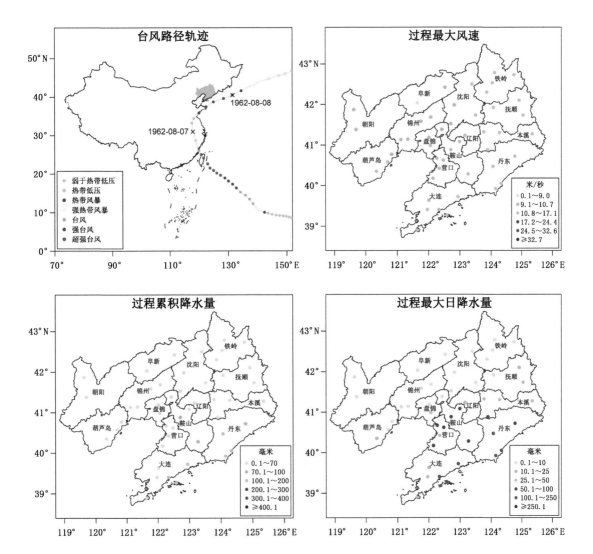

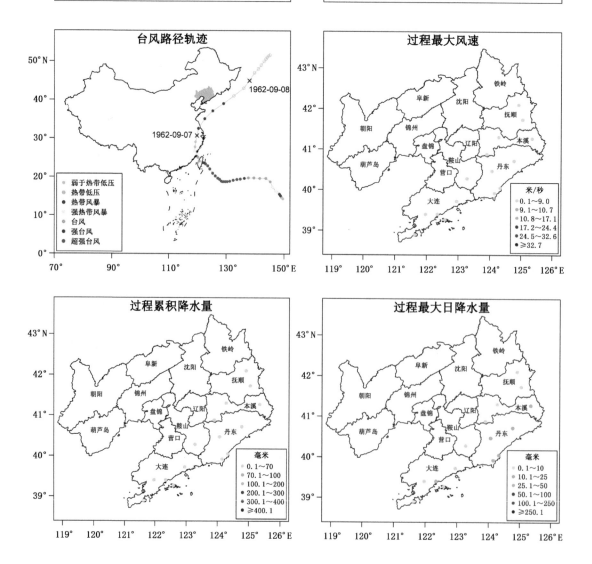

台风信息

年份：1962

序号：20

国际编号：未编号

CMA编号：6214

名称：Amy

登陆时间：未登录

登陆地点：未登录

登陆强度：未登录

生命期起止时间：1962-08-29 — 1962-09-10

生命期强度等级：超强台风

影响期起止时间：1962-09-07 — 1962-09-08

影响期强度等级：热带风暴

致灾危险性评价

影响站点：15站

总降水量：140.5毫米

持续时间：2天

平均过程累积降水量：9.4毫米

过程最大累积降水量：29.3毫米(桓仁)

过程最大日降水量：21.5毫米(桓仁)

过程最大风速：7.7米/秒(普兰店)

过程暴雨站日数：0站日/0站

过程大风站日数：0站日/0站

致灾危险性等级：五级

台风路径轨迹

过程最大风速

过程累积降水量

过程最大日降水量

1963 年

台风信息

年份：1963

序号：5

国际编号：未编号

CMA编号：6303

名称：Shirley

登陆时间：未登录

登陆地点：未登录

登陆强度：未登录

生命期起止时间：1963-06-12 — 1963-06-25

生命期强度等级：超强台风

影响期起止时间：1963-06-20 — 1963-06-20

影响期强度等级：台风

致灾危险性评价

影响站点：33站

总降水量：246.9毫米

持续时间：1天

平均过程累积降水量：7.5毫米

过程最大累积降水量：48毫米(开原)

过程最大日降水量：48毫米(开原)

过程最大风速：9米/秒(康平)

过程暴雨站日数：0站日/0站

过程大风站日数：0站日/0站

致灾危险性等级：五级

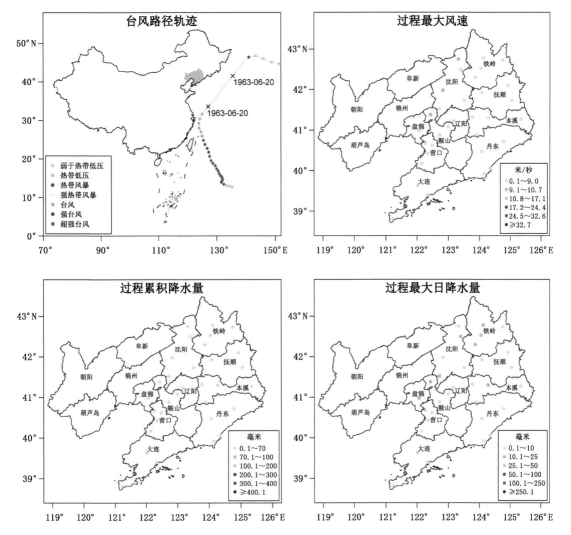

台风信息

年份：1963

序号：8

国际编号：未编号

CMA编号：6306

名称：Wendy

登陆时间：未登录

登陆地点：未登录

登陆强度：未登录

生命期起止时间：1963-07-10 — 1963-07-20

生命期强度等级：超强台风

影响期起止时间：1963-07-20 — 1963-07-20

影响期强度等级：热带风暴

致灾危险性评价

影响站点：35站

总降水量：2061.9毫米

持续时间：1天

平均过程累积降水量：58.9毫米

过程最大累积降水量：234毫米(北票)

过程最大日降水量：234毫米(北票)

过程最大风速：15米/秒(熊岳)

过程暴雨站日数：15站日/15站

过程大风站日数：32站日/32站

致灾危险性等级：二级

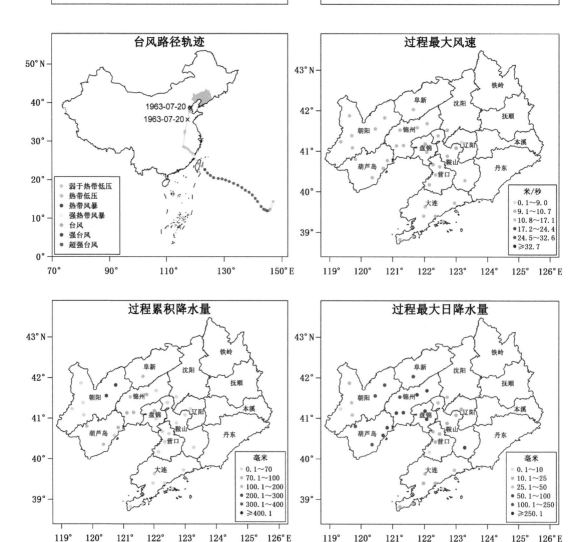

1964 年

台风信息

年份：1964

序号：9

国际编号：未编号

CMA编号：6408

名称：Flossie

登陆时间：未登录

登陆地点：未登录

登陆强度：未登录

生命期起止时间：1964-07-24 — 1964-08-01

生命期强度等级：台风

影响期起止时间：1964-07-28 — 1964-07-30

影响期强度等级：台风

致灾危险性评价

影响站点：55站

总降水量：4305毫米

持续时间：3天

平均过程累积降水量：78.3毫米

过程最大累积降水量：203.9毫米（营口）

过程最大日降水量：121.8毫米（营口）

过程最大风速：7.3米/秒（熊岳）

过程暴雨站日数：30站日/27站

过程大风站日数：0站日/0站

致灾危险性等级：三级

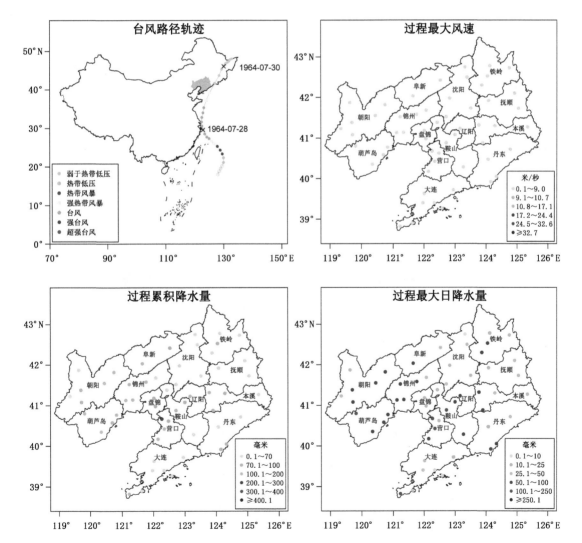

台风信息

年份：1964

序号：11

国际编号：未编号

CMA编号：6410

名称：Helen

登陆时间：1964-08-03

登陆地点：大连市长海县

登陆强度：热带风暴

生命期起止时间：1964-07-27 — 1964-08-06

生命期强度等级：超强台风

影响期起止时间：1964-08-03 — 1964-08-05

影响期强度等级：台风

致灾危险性评价

影响站点：55站

总降水量：1241.2毫米

持续时间：3天

平均过程累积降水量：22.6毫米

过程最大累积降水量：56.1毫米(凤城)

过程最大日降水量：55.3毫米(凤城)

过程最大风速：11.7米/秒(沈阳)

过程暴雨站日数：3站日/3站

过程大风站日数：1站日/1站

致灾危险性等级：四级

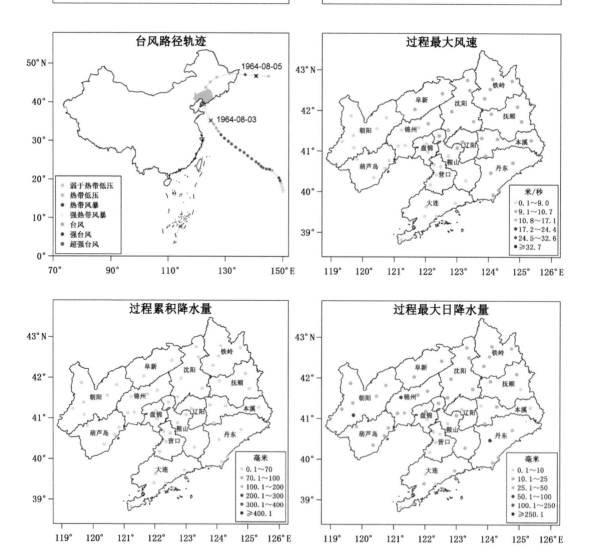

1965 年

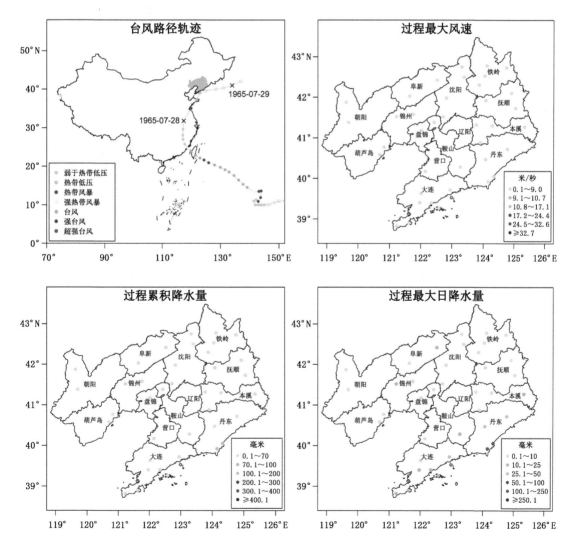

台风信息

年份：1965

序号：21

国际编号：未编号

CMA编号：6510

名称：Harriet

登陆时间：未登录

登陆地点：未登录

登陆强度：未登录

生命期起止时间：1965-07-19 — 1965-07-30

生命期强度等级：强台风

影响期起止时间：1965-07-28 — 1965-07-29

影响期强度等级：热带风暴

致灾危险性评价

影响站点：38站

总降水量：645.5毫米

持续时间：2天

平均过程累积降水量：17毫米

过程最大累积降水量：156.6毫米(东港)

过程最大日降水量：143.1毫米(东港)

过程最大风速：5.5米/秒(北镇)

过程暴雨站日数：2站日/2站

过程大风站日数：0站日/0站

致灾危险性等级：四级

台风路径轨迹

1965-07-29

1965-07-28

弱于热带低压
热带低压
热带风暴
强热带风暴
台风
强台风
超强台风

过程最大风速

米/秒
0.1～9.0
9.1～10.7
10.8～17.1
17.2～24.4
24.5～32.6
≥32.7

过程累积降水量

毫米
0.1～70
70.1～100
100.1～200
200.1～300
300.1～400
≥400.1

过程最大日降水量

毫米
0.1～10
10.1～25
25.1～50
50.1～100
100.1～250
≥250.1

台风信息

年份：1965

序号：22

国际编号：未编号

CMA编号：6512

名称：Jean

登陆时间：未登录

登陆地点：未登录

登陆强度：未登录

生命期起止时间：1965-07-24 — 1965-08-14

生命期强度等级：超强台风

影响期起止时间：1965-08-06 — 1965-08-07

影响期强度等级：超强台风

致灾危险性评价

影响站点：39站

总降水量：1046.7毫米

持续时间：2天

平均过程累积降水量：26.8毫米

过程最大累积降水量：82.4毫米(辽阳)

过程最大日降水量：82.4毫米(辽阳)

过程最大风速：12米/秒(熊岳)

过程暴雨站日数：5站日/5站

过程大风站日数：39站日/39站

致灾危险性等级：二级

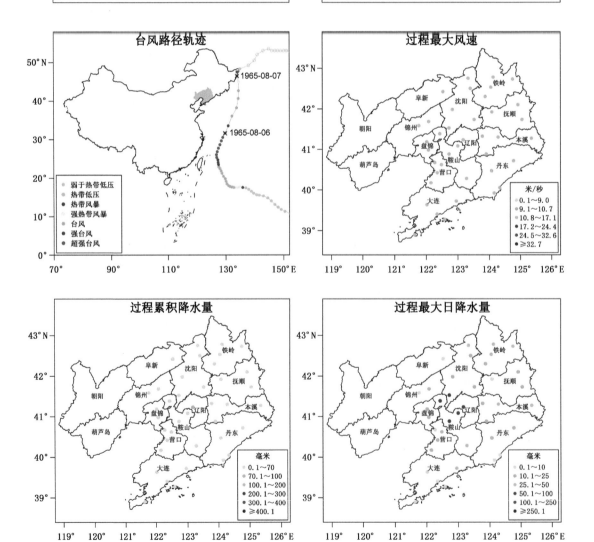

台风信息

年份：1965

序号：25

国际编号：未编号

CMA编号：6513

名称：Mary

登陆时间：未登录

登陆地点：未登录

登陆强度：未登录

生命期起止时间：1965-08-14 — 1965-08-24

生命期强度等级：超强台风

影响期起止时间：1965-08-22 — 1965-08-24

影响期强度等级：热带风暴

致灾危险性评价

影响站点：28站

总降水量：28.1毫米

持续时间：3天

平均过程累积降水量：1毫米

过程最大累积降水量：14.3毫米（东港）

过程最大日降水量：12.8毫米（东港）

过程最大风速：7.6米/秒（盘山）

过程暴雨站日数：0站日/0站

过程大风站日数：0站日/0站

致灾危险性等级：五级

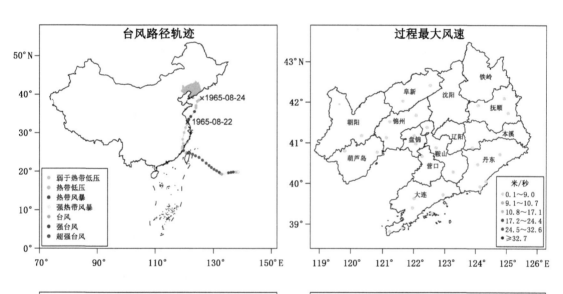

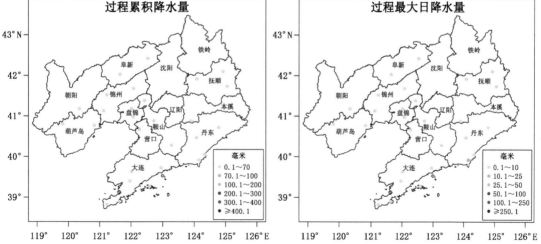

1966 年

台风信息

年份：1966

序号：18

国际编号：未编号

CMA编号：6612

名称：Winnie

登陆时间：1966-08-26

登陆地点：大连市庄河市

登陆强度：热带低压

生命期起止时间：1966-08-18 — 1966-08-29

生命期强度等级：台风

影响期起止时间：1966-08-25 — 1966-08-27

影响期强度等级：热带低压

致灾危险性评价

影响站点：56站

总降水量：1960.1毫米

持续时间：3天

平均过程累积降水量：35毫米

过程最大累积降水量：203.3毫米(建昌)

过程最大日降水量：167.4毫米(建昌)

过程最大风速：13.3米/秒(沈阳)

过程暴雨站日数：5站日/5站

过程大风站日数：3站日/3站

致灾危险性等级：四级

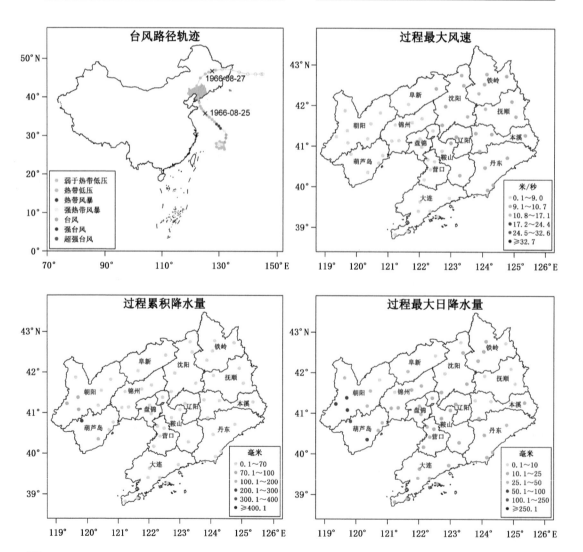

台风信息

年份: 1966

序号: 19

国际编号: 未编号

CMA编号: 6613

名称: Betty

登陆时间: 未登录

登陆地点: 未登录

登陆强度: 未登录

生命期起止时间: 1966-08-21 — 1966-09-04

生命期强度等级: 强热带风暴

影响期起止时间: 1966-08-30 — 1966-08-30

影响期强度等级: 强热带风暴

致灾危险性评价

影响站点: 6站

总降水量: 11.3毫米

持续时间: 1天

平均过程累积降水量: 1.9毫米

过程最大累积降水量: 7.1毫米(瓦房店)

过程最大日降水量: 7.1毫米(瓦房店)

过程最大风速: 6.5米/秒(岫岩)

过程暴雨站日数: 0站日/0站

过程大风站日数: 0站日/0站

致灾危险性等级: 五级

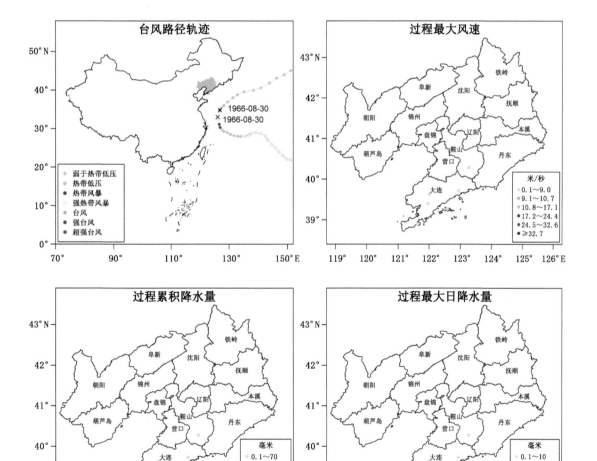

台风路径轨迹

1966-08-30
1966-08-30

弱于热带低压
热带低压
热带风暴
强热带风暴
台风
强台风
超强台风

过程最大风速

米/秒
0.1~9.0
9.1~10.7
10.8~17.1
17.2~24.4
24.5~32.6
≥32.7

过程累积降水量

毫米
0.1~70
70.1~100
100.1~200
200.1~300
300.1~400
≥400.1

过程最大日降水量

毫米
0.1~10
10.1~25
25.1~50
50.1~100
100.1~250
≥250.1

台风信息

年份：1966

序号：21

国际编号：未编号

CMA编号：6615

名称：Cora

登陆时间：未登录

登陆地点：未登录

登陆强度：未登录

生命期起止时间：1966-08-29 — 1966-09-09

生命期强度等级：超强台风

影响期起止时间：1966-09-09 — 1966-09-09

影响期强度等级：热带风暴

致灾危险性评价

影响站点：5站

总降水量：32.5毫米

持续时间：1天

平均过程累积降水量：6.5毫米

过程最大累积降水量：13.6毫米(丹东)

过程最大日降水量：13.6毫米(丹东)

过程最大风速：8米/秒(东港)

过程最大雨站日数：0站日/0站

过程大风站日数：0站日/0站

致灾危险性等级：五级

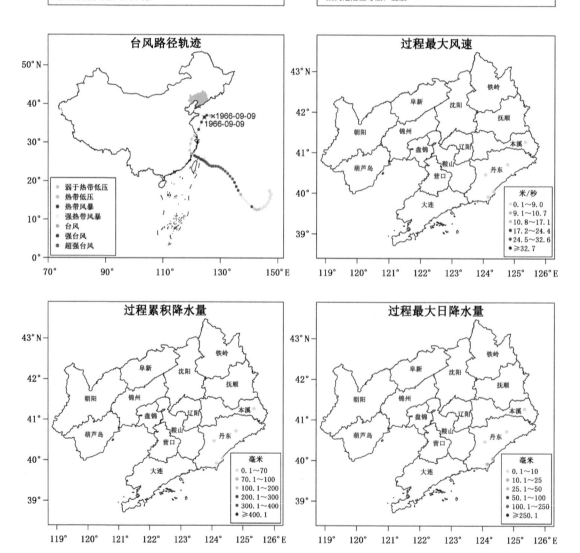

1967 年

台风信息

年份：1967

序号：14

国际编号：未编号

CMA编号：6705

名称：Dot

登陆时间：1967-07-29

登陆地点：大连市旅顺口区

登陆强度：热带风暴

生命期起止时间：1967-07-20 — 1967-07-31

生命期强度等级：台风

影响期起止时间：1967-07-28 — 1967-07-30

影响期强度等级：强热带风暴

致灾危险性评价

影响站点：56站

总降水量：3375毫米

持续时间：3天

平均过程累积降水量：60.3毫米

过程最大累积降水量：215.2毫米(长海)

过程最大日降水量：151.6毫米(庄河)

过程最大风速：10.5米/秒(瓦房店)

过程暴雨站日数：20站日/18站

过程大风站日数：0站日/0站

致灾危险性等级：三级

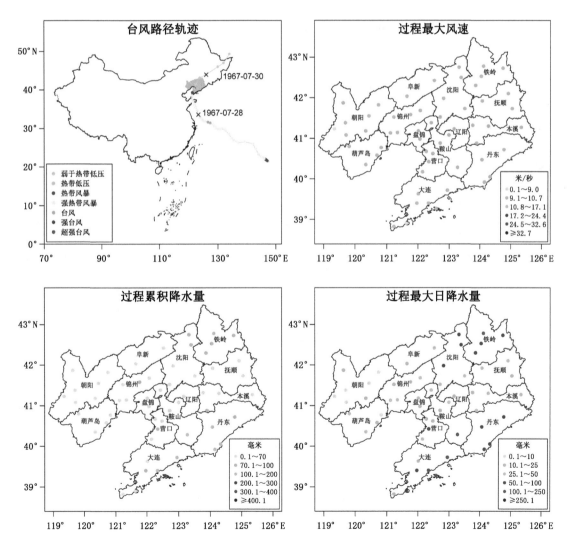

1968 年

台风信息

年份：1968

序号：14

国际编号：未编号

CMA编号：6807

名称：Polly

登陆时间：未登录

登陆地点：未登录

登陆强度：未登录

生命期起止时间：1968-08-03 — 1968-08-18

生命期强度等级：台风

影响期起止时间：1968-08-16 — 1968-08-16

影响期强度等级：台风

致灾危险性评价

影响站点：44站

总降水量：536.4毫米

持续时间：1天

平均过程累积降水量：12.2毫米

过程最大累积降水量：95.3毫米(凤城)

过程最大日降水量：95.3毫米(凤城)

过程最大风速：4.3米/秒(丹东)

过程暴雨站日数：1站日/1站

过程大风站日数：0站日/0站

致灾危险性等级：四级

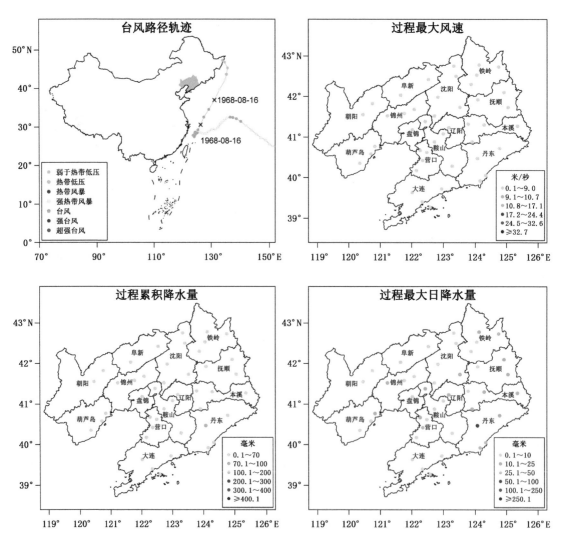

1970 年

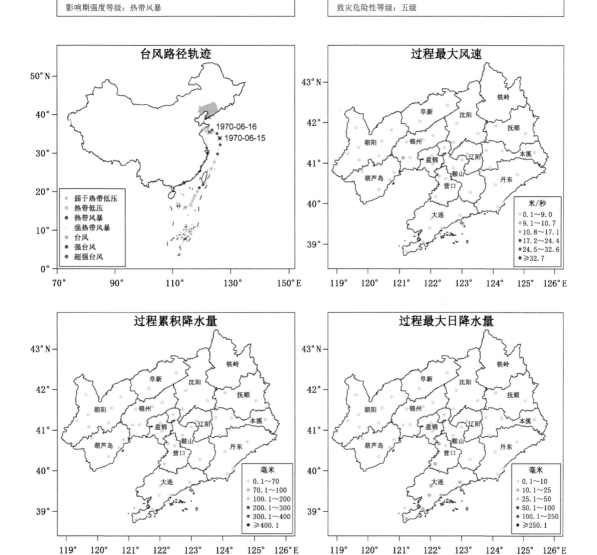

台风信息

年份：1970
序号：3
国际编号：未编号
CMA编号：未编号
名称：未命名
登陆时间：未登录
登陆地点：未登录
登陆强度：未登录
生命期起止时间：1970-06-11 — 1970-06-17
生命期强度等级：热带风暴
影响期起止时间：1970-06-15 — 1970-06-16
影响期强度等级：热带风暴

致灾危险性评价

影响站点：49站
总降水量：292.2毫米
持续时间：2天
平均过程累积降水量：6毫米
过程最大累积降水量：25毫米(皮口)
过程最大日降水量：25毫米(皮口)
过程最大风速：9米/秒(锦州)
过程暴雨站日数：0站日/0站
过程大风站日数：0站日/0站
致灾危险性等级：五级

台风路径轨迹

1970-06-16
1970-06-15

弱于热带低压
热带低压
热带风暴
强热带风暴
台风
强台风
超强台风

过程最大风速

米/秒
0.1～9.0
9.1～10.7
10.8～17.1
17.2～24.4
24.5～32.6
≥32.7

过程累积降水量

毫米
0.1～70
70.1～100
100.1～200
200.1～300
300.1～400
≥400.1

过程最大日降水量

毫米
0.1～10
10.1～25
25.1～50
50.1～100
100.1～250
≥250.1

台风信息

年份：1970

序号：23

国际编号：未编号

CMA编号：7008

名称：Billie

登陆时间：未登录

登陆地点：未登录

登陆强度：未登录

生命期起止时间：1970-08-21 — 1970-09-01

生命期强度等级：超强台风

影响期起止时间：1970-08-31 — 1970-09-01

影响期强度等级：台风

致灾危险性评价

影响站点：47站

总降水量：488.4毫米

持续时间：2天

平均过程累积降水量：10.4毫米

过程最大累积降水量：35.3毫米(昌图)

过程最大日降水量：31.1毫米(凤城)

过程最大风速：10.2米/秒(丹东)

过程暴雨站日数：0站日/0站

过程大风站日数：0站日/0站

致灾危险性等级：五级

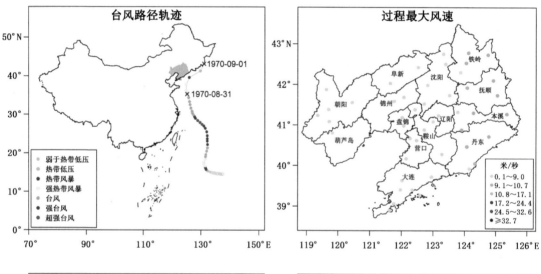

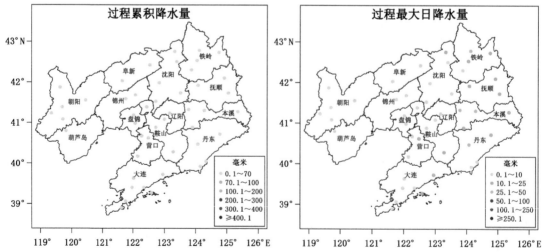

1971 年

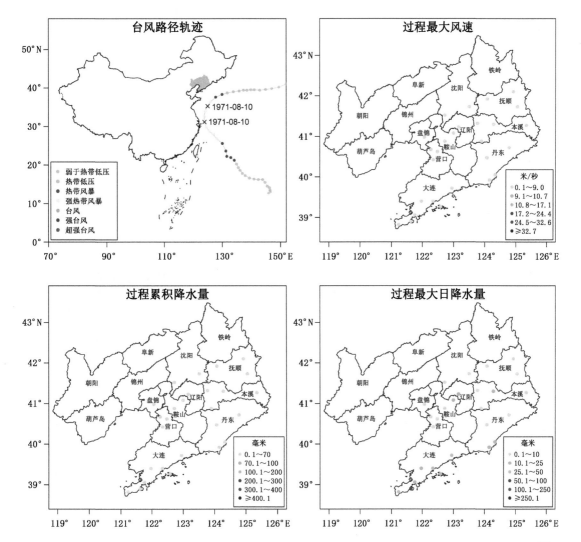

台风信息

年份：1971

序号：23

国际编号：未编号

CMA编号：7117

名称：Polly

登陆时间：未登录

登陆地点：未登录

登陆强度：未登录

生命期起止时间：1971-08-04 — 1971-08-16

生命期强度等级：强热带风暴

影响期起止时间：1971-08-10 — 1971-08-10

影响期强度等级：强热带风暴

致灾危险性评价

影响站点：27站

总降水量：331毫米

持续时间：1天

平均过程累积降水量：12.3毫米

过程最大累积降水量：65.9毫米(大连)

过程最大日降水量：65.9毫米(大连)

过程最大风速：6米/秒(大连)

过程暴雨站日数：1站日/1站

过程大风站日数：0站日/0站

致灾危险性等级：四级

台风路径轨迹

× 1971-08-10
× 1971-08-10

弱于热带低压
热带低压
热带风暴
强热带风暴
台风
强台风
超强台风

过程最大风速

米/秒
0.1～9.0
9.1～10.7
10.8～17.1
17.2～24.4
24.5～32.6
≥32.7

过程累积降水量

毫米
0.1～70
70.1～100
100.1～200
200.1～300
300.1～400
≥400.1

过程最大日降水量

毫米
0.1～10
10.1～25
25.1～50
50.1～100
100.1～250
≥250.1

台风信息

年份：1971

序号：35

国际编号：未编号

CMA编号：7123

名称：Bess

登陆时间：未登录

登陆地点：未登录

登陆强度：未登录

生命期起止时间：1971-09-17 — 1971-09-27

生命期强度等级：超强台风

影响期起止时间：1971-09-24 — 1971-09-25

影响期强度等级：热带风暴

致灾危险性评价

影响站点：39站

总降水量：670.1毫米

持续时间：2天

平均过程累积降水量：17.2毫米

过程最大累积降水量：47.3毫米(丹东)

过程最大日降水量：47.3毫米(丹东)

过程最大风速：17米/秒(大连)

过程暴雨站日数：0站日/0站

过程大风站日数：2站日/2站

致灾危险性等级：四级

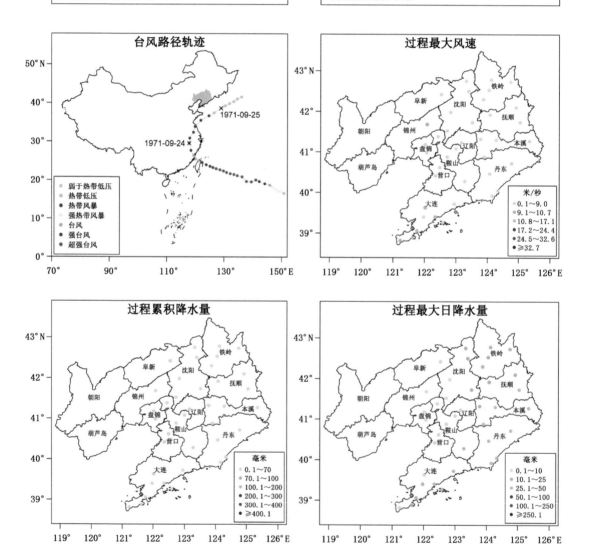

1972 年

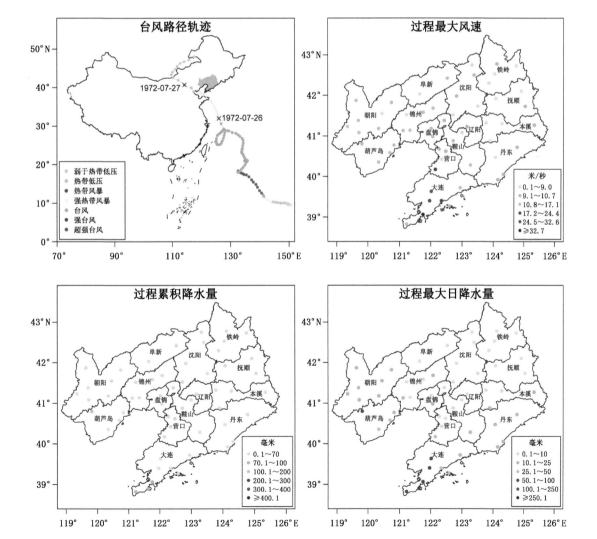

台风信息

年份：1972

序号：9

国际编号：未编号

CMA编号：7203

名称：Rita

登陆时间：未登录

登陆地点：未登录

登陆强度：未登录

生命期起止时间：1972-07-05 — 1972-07-30

生命期强度等级：超强台风

影响期起止时间：1972-07-26 — 1972-07-27

影响期强度等级：强热带风暴

致灾危险性评价

影响站点：57站

总降水量：1307.6毫米

持续时间：2天

平均过程累积降水量：22.9毫米

过程最大累积降水量：106.1毫米(建昌)

过程最大日降水量：96.3毫米(旅顺)

过程最大风速：46米/秒(金州)

过程暴雨站日数：6站日/6站

过程大风站日数：41站日/29站

致灾危险性等级：二级

台风路径轨迹

过程最大风速

过程累积降水量

过程最大日降水量

1973 年

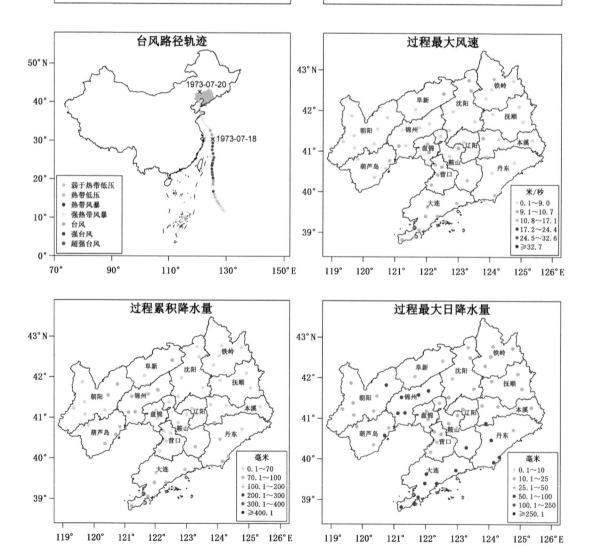

台风信息	
年份：1973	
序号：3	
国际编号：未编号	
CMA编号：7303	
名称：Billie	
登陆时间：1973-07-20	
登陆地点：葫芦岛兴城市	
登陆强度：热带低压	
生命期起止时间：1973-07-11 — 1973-07-20	
生命期强度等级：超强台风	
影响期起止时间：1973-07-18 — 1973-07-20	
影响期强度等级：台风	

致灾危险性评价	
影响站点：57站	
总降水量：3461.2毫米	
持续时间：3天	
平均过程累积降水量：60.7毫米	
过程最大累积降水量：167.6毫米(岫岩)	
过程最大日降水量：97.8毫米(岫岩)	
过程最大风速：16米/秒(岫岩)	
过程暴雨站日数：22站日/19站	
过程大风站日数：18站日/12站	
致灾危险性等级：二级	

台风信息

年份：1973

序号：4

国际编号：未编号

CMA编号：7304

名称：Dot

登陆时间：未登录

登陆地点：未登录

登陆强度：未登录

生命期起止时间：1973-07-11 — 1973-07-21

生命期强度等级：台风

影响期起止时间：1973-07-20 — 1973-07-21

影响期强度等级：热带风暴

致灾危险性评价

影响站点：40站

总降水量：500.8毫米

持续时间：2天

平均过程累积降水量：12.5毫米

过程最大累积降水量：81.4毫米(丹东)

过程最大日降水量：51.8毫米(丹东)

过程最大风速：12.3米/秒(皮口)

过程暴雨站日数：1站日/1站

过程大风站日数：4站日/4站

致灾危险性等级：四级

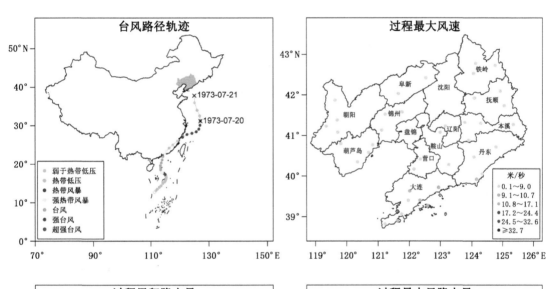

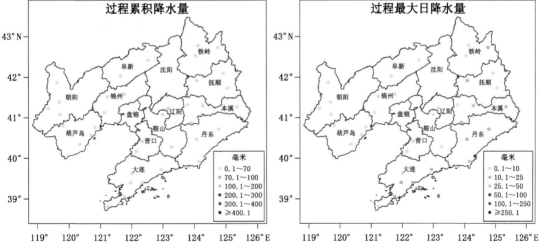

1974 年

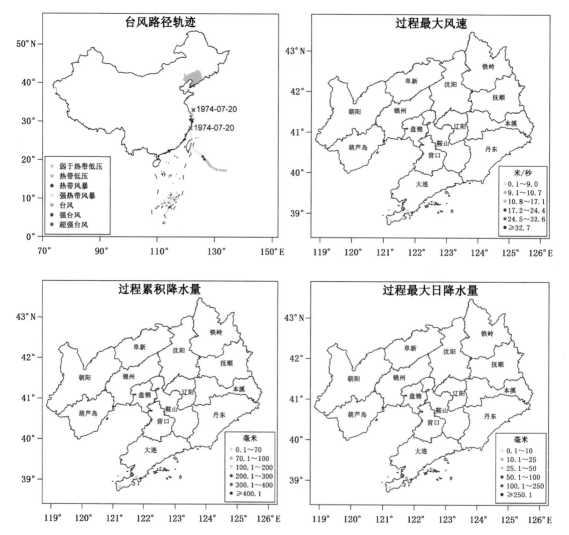

台风信息

年份：1974

序号：12

国际编号：未编号

CMA编号：7410

名称：Jean

登陆时间：未登录

登陆地点：未登录

登陆强度：未登录

生命期起止时间：1974-07-15 — 1974-07-20

生命期强度等级：强热带风暴

影响期起止时间：1974-07-20 — 1974-07-20

影响期强度等级：强热带风暴

致灾危险性评价

影响站点：4站

总降水量：27.8毫米

持续时间：1天

平均过程累积降水量：7毫米

过程最大累积降水量：12.2毫米(金州)

过程最大日降水量：12.2毫米(金州)

过程最大风速：7米/秒(长海)

过程暴雨站日数：0站日/0站

过程大风站日数：0站日/0站

致灾危险性等级：五级

台风信息

年份：1974

序号：25

国际编号：未编号

CMA编号：7416

名称：未命名

登陆时间：1974-08-30

登陆地点：大连市旅顺口区

登陆强度：热带风暴

生命期起止时间：1974-08-27 — 1974-09-01

生命期强度等级：强热带风暴

影响期起止时间：1974-08-29 — 1974-09-01

影响期强度等级：强热带风暴

致灾危险性评价

影响站点：57站

总降水量：1893.5毫米

持续时间：4天

平均过程累积降水量：33.2毫米

过程最大累积降水量：80.7毫米（锦州）

过程最大日降水量：65.3毫米（锦州）

过程最大风速：25米/秒（长海）

过程暴雨站日数：1站日/1站

过程大风站日数：43站日/35站

致灾危险性等级：二级

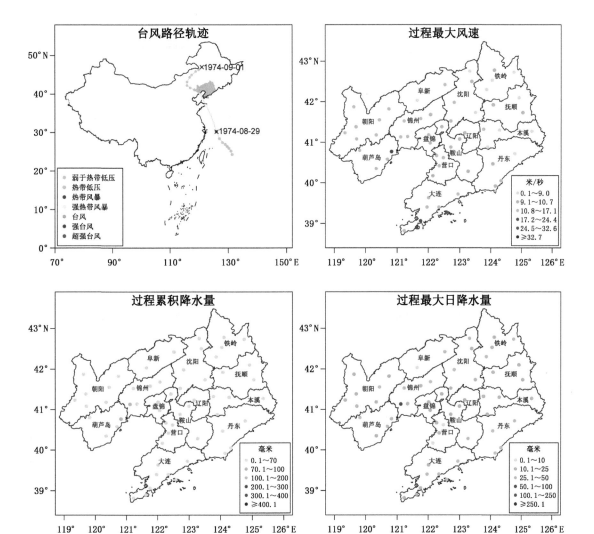

1976 年

台风信息

年份：1976

序号：15

国际编号：未编号

CMA编号：7612

名称：Anita

登陆时间：未登录

登陆地点：未登录

登陆强度：未登录

生命期起止时间：1976-07-21 — 1976-07-26

生命期强度等级：台风

影响期起止时间：1976-07-26 — 1976-07-26

影响期强度等级：弱于热带低压

致灾危险性评价

影响站点：5站

总降水量：9.7毫米

持续时间：1天

平均过程累积降水量：1.9毫米

过程最大累积降水量：3.6毫米(宽甸)

过程最大日降水量：3.6毫米(宽甸)

过程最大风速：6.7米/秒(清原)

过程暴雨站日数：0站日/0站

过程大风站日数：0站日/0站

致灾危险性等级：五级

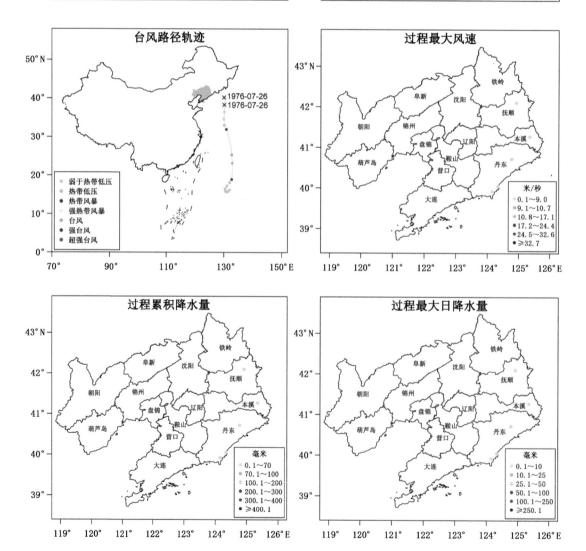

台风信息

年份：1976

序号：17

国际编号：未编号

CMA编号：7613

名称：Billie

登陆时间：未登录

登陆地点：未登录

登陆强度：未登录

生命期起止时间：1976-08-03 — 1976-08-13

生命期强度等级：超强台风

影响期起止时间：1976-08-13 — 1976-08-13

影响期强度等级：弱于热带低压

致灾危险性评价

影响站点：7站

总降水量：19.1毫米

持续时间：1天

平均过程累积降水量：2.7毫米

过程最大累积降水量：3.9毫米（旅顺）

过程最大日降水量：3.9毫米（旅顺）

过程最大风速：5.3米/秒（大连）

过程暴雨站日数：0站日/0站

过程大风站日数：0站日/0站

致灾危险性等级：五级

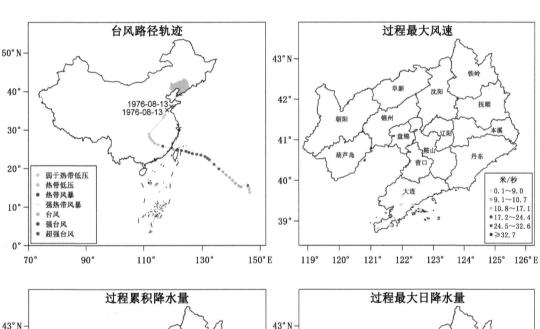

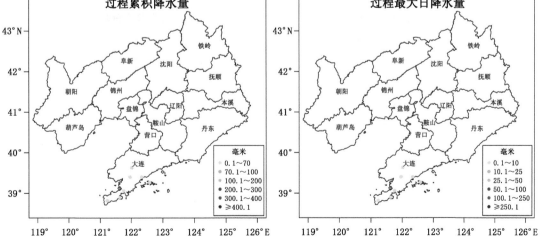

1978 年

台风信息

年份：1978

序号：8

国际编号：未编号

CMA编号：7805

名称：Trix

登陆时间：未登录

登陆地点：未登录

登陆强度：未登录

生命期起止时间：1978-07-11 — 1978-07-26

生命期强度等级：台风

影响期起止时间：1978-07-25 — 1978-07-26

影响期强度等级：弱于热带低压

致灾危险性评价

影响站点：12站

总降水量：336.7毫米

持续时间：2天

平均过程累积降水量：28.1毫米

过程最大累积降水量：96.2毫米(建昌)

过程最大日降水量：95.7毫米(建昌)

过程最大风速：11米/秒(兴城)

过程暴雨站日数：1站日/1站

过程大风站日数：1站日/1站

致灾危险性等级：四级

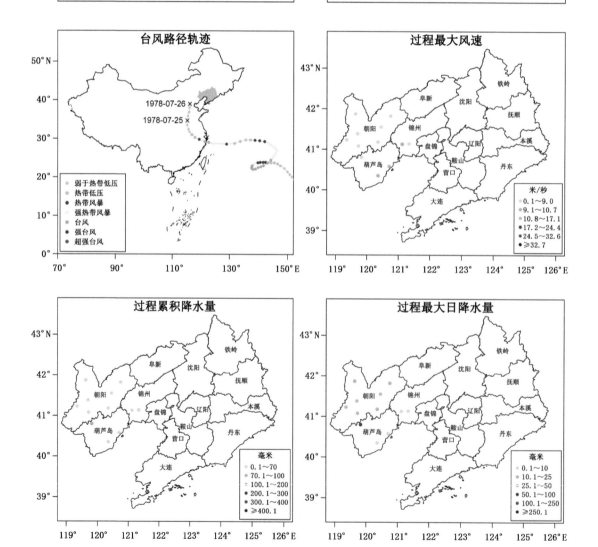

1979 年

台风信息

年份：1979

序号：16

国际编号：未编号

CMA编号：7909

名称：Irving

登陆时间：未登陆

登陆地点：未登录

登陆强度：未登录

生命期起止时间：1979-08-08 — 1979-08-19

生命期强度等级：台风

影响期起止时间：1979-08-17 — 1979-08-17

影响期强度等级：台风

致灾危险性评价

影响站点：8站

总降水量：29.4毫米

持续时间：1天

平均过程累积降水量：3.7毫米

过程最大累积降水量：10毫米（凤城）

过程最大日降水量：10毫米（凤城）

过程最大风速：13米/秒（长海）

过程暴雨站日数：0站日/0站

过程大风站日数：1站日/1站

致灾危险性等级：四级

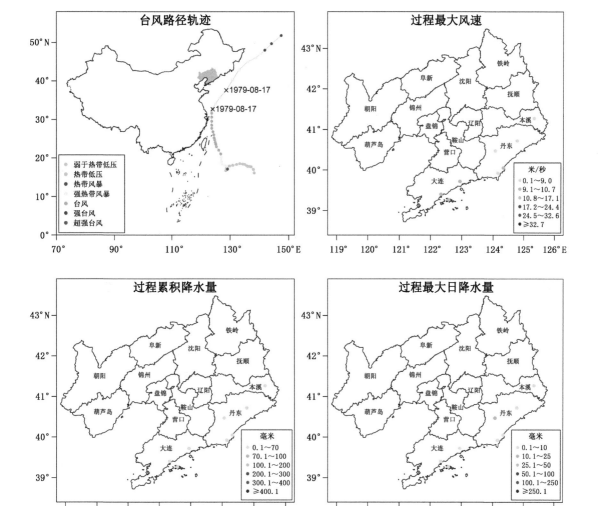

1981 年

台风信息

年份：1981

序号：9

国际编号：未编号

CMA编号：8108

名称：未命名

登陆时间：未登录

登陆地点：未登录

登陆强度：未登录

生命期起止时间：1981-07-21 — 1981-07-28

生命期强度等级：强热带风暴

影响期起止时间：1981-07-27 — 1981-07-28

影响期强度等级：热带低压

致灾危险性评价

影响站点：56站

总降水量：2863.7毫米

持续时间：2天

平均过程累积降水量：51.1毫米

过程最大累积降水量：299.1毫米(皮口)

过程最大日降水量：195.6毫米(皮口)

过程最大风速：12米/秒(长海)

过程暴雨站日数：23站日/20站

过程大风站日数：2站日/1站

致灾危险性等级：三级

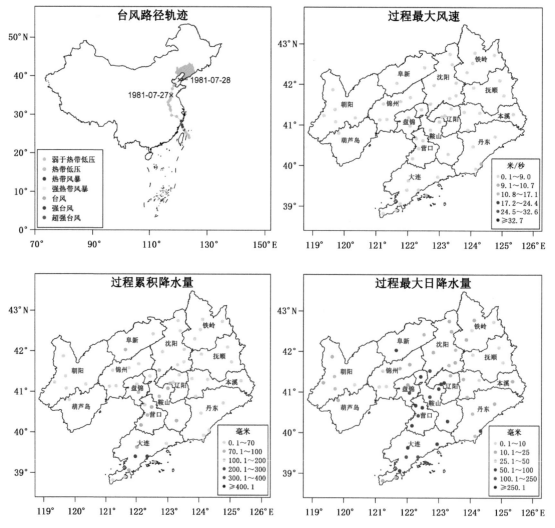

台风信息

年份：1981

序号：11

国际编号：未编号

CMA编号：8109

名称：Ogden

登陆时间：未登录

登陆地点：未登录

登陆强度：未登录

生命期起止时间：1981-07-26 — 1981-08-02

生命期强度等级：强热带风暴

影响期起止时间：1981-08-02 — 1981-08-02

影响期强度等级：弱于热带低压

致灾危险性评价

影响站点：34站

总降水量：237.7毫米

持续时间：1天

平均过程累积降水量：7毫米

过程最大累积降水量：23毫米（西丰）

过程最大日降水量：23毫米（西丰）

过程最大风速：12.7米/秒（昌图）

过程暴雨站日数：0站日/0站

过程大风站日数：3站日/3站

致灾危险性等级：四级

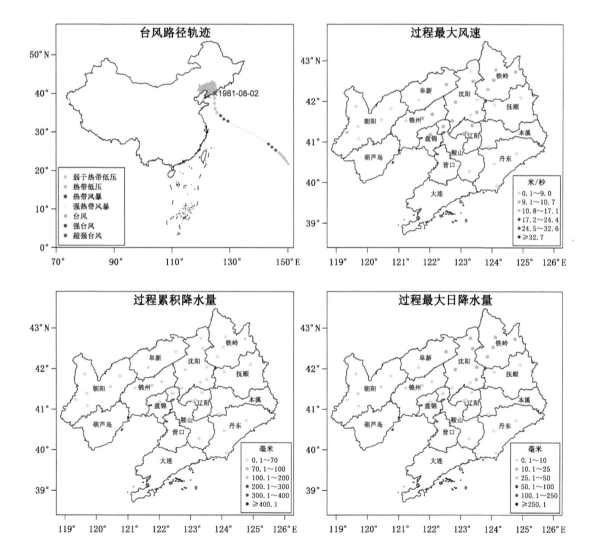

1982 年

台风信息

年份：1982

序号：12

国际编号：未编号

CMA编号：8211

名称：Cecil

登陆时间：未登录

登陆地点：未登录

登陆强度：未登录

生命期起止时间：1982-08-01 — 1982-08-19

生命期强度等级：超强台风

影响期起止时间：1982-08-13 — 1982-08-15

影响期强度等级：强热带风暴

致灾危险性评价

影响站点：22站

总降水量：99.6毫米

持续时间：3天

平均过程累积降水量：4.5毫米

过程最大累积降水量：29.9毫米(宽甸)

过程最大日降水量：29.9毫米(宽甸)

过程最大风速：18.7米/秒(长海)

过程暴雨站日数：0站日/0站

过程大风站日数：3站日/3站

致灾危险性等级：四级

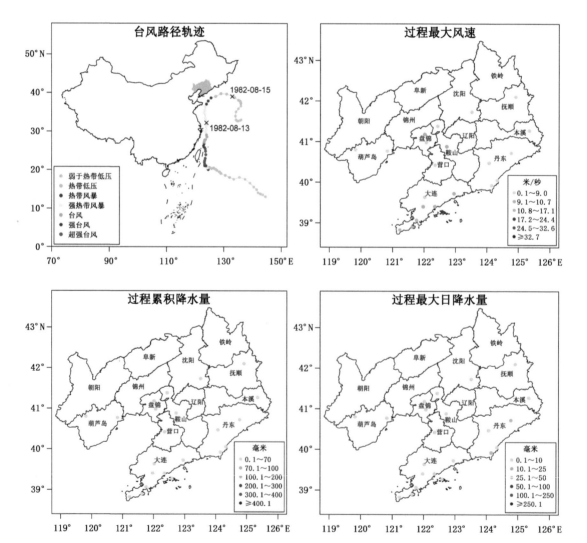

台风信息

年份：1982

序号：14

国际编号：未编号

CMA编号：8213

名称：Ellis

登陆时间：未登录

登陆地点：未登录

登陆强度：未登录

生命期起止时间：1982-08-17 — 1982-08-30

生命期强度等级：超强台风

影响期起止时间：1982-08-27 — 1982-08-28

影响期强度等级：台风

致灾危险性评价

影响站点：31站

总降水量：560.8毫米

持续时间：2天

平均过程累积降水量：18.1毫米

过程最大累积降水量：70.7毫米(辽阳)

过程最大日降水量：68.2毫米(辽阳)

过程最大风速：14米/秒(丹东)

过程暴雨站日数：1站日/1站

过程大风站日数：2站日/1站

致灾危险性等级：四级

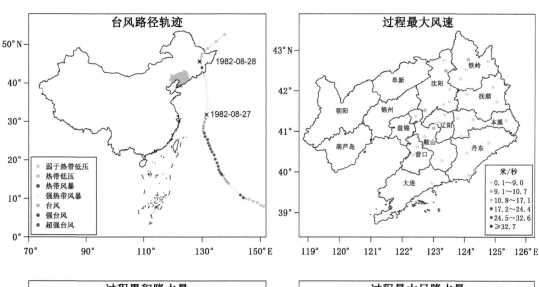

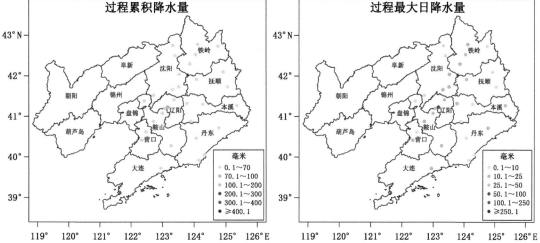

1984 年

台风信息

年份: 1984

序号: 7

国际编号: 未编号

CMA编号: 8406

名称: Ed

登陆时间: 未登录

登陆地点: 未登录

登陆强度: 未登录

生命期起止时间: 1984-07-25 — 1984-08-03

生命期强度等级: 超强台风

影响期起止时间: 1984-08-03 — 1984-08-03

影响期强度等级: 热带低压

致灾危险性评价

影响站点: 42站

总降水量: 290.2毫米

持续时间: 1天

平均过程累积降水量: 6.9毫米

过程最大累积降水量: 31.3毫米(旅顺)

过程最大日降水量: 31.3毫米(旅顺)

过程最大风速: 12.7米/秒(长海)

过程暴雨站日数: 0站日/0站

过程大风站日数: 2站日/2站

致灾危险性等级: 四级

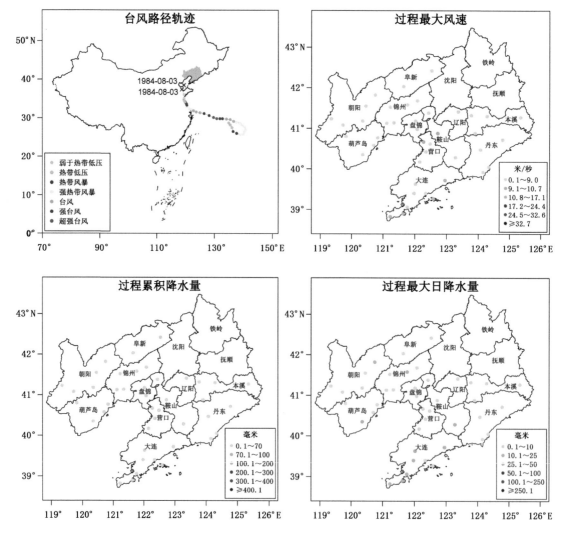

台风信息

年份：1984

序号：8

国际编号：未编号

CMA编号：8407

名称：Freda

登陆时间：未登录

登陆地点：未登录

登陆强度：未登录

生命期起止时间：1984-08-02 — 1984-08-13

生命期强度等级：强热带风暴

影响期起止时间：1984-08-10 — 1984-08-11

影响期强度等级：热带低压

致灾危险性评价

影响站点：60站

总降水量：3057.7毫米

持续时间：2天

平均过程累积降水量：51毫米

过程最大累积降水量：229.7毫米(建昌)

过程最大日降水量：229.7毫米(建昌)

过程最大风速：18米/秒(锦州)

过程暴雨站日数：19站日/19站

过程大风站日数：52站日/41站

致灾危险性等级：一级

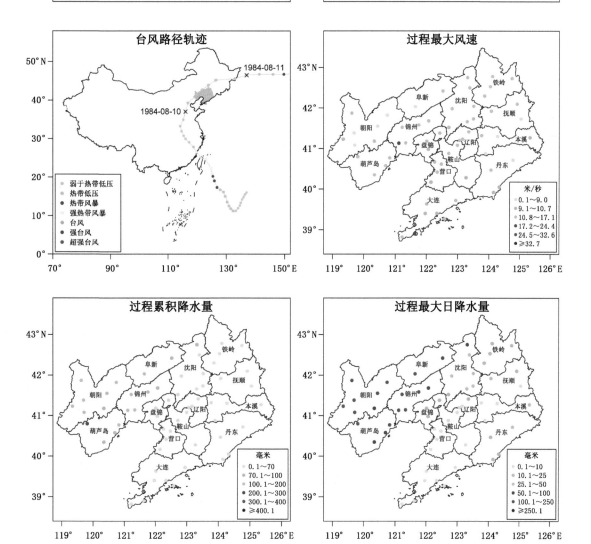

台风信息

年份：1984

序号：13

国际编号：未编号

CMA编号：8409

名称：Holly

登陆时间：未登录

登陆地点：未登录

登陆强度：未登录

生命期起止时间：1984-08-15 — 1984-08-24

生命期强度等级：台风

影响期起止时间：1984-08-21 — 1984-08-21

影响期强度等级：台风

致灾危险性评价

影响站点：31站

总降水量：399.4毫米

持续时间：1天

平均过程累积降水量：12.9毫米

过程最大累积降水量：115.9毫米(凤城)

过程最大日降水量：115.9毫米(凤城)

过程最大风速：9.3米/秒(昌图)

过程暴雨站日数：2站日/2站

过程大风站日数：0站日/0站

致灾危险性等级：四级

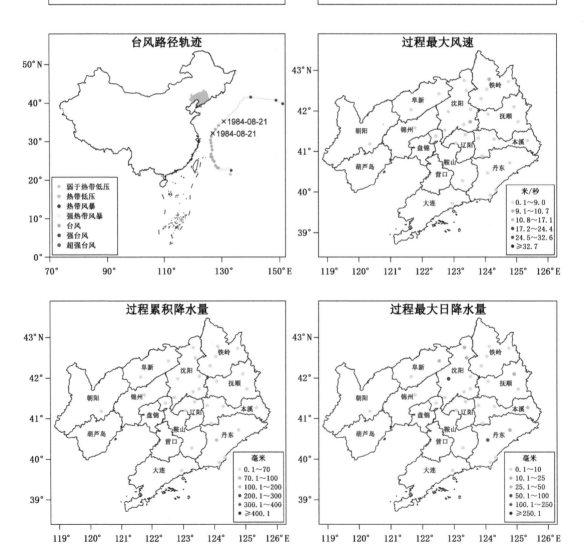

1985 年

台风信息

年份：1985

序号：11

国际编号：未编号

CMA编号：8506

名称：Jeff

登陆时间：1985-08-02

登陆地点：丹东市东港市

登陆强度：热带低压

生命期起止时间：1985-07-22 — 1985-08-03

生命期强度等级：台风

影响期起止时间：1985-08-01 — 1985-08-03

影响期强度等级：强热带风暴

致灾危险性评价

影响站点：59站

总降水量：2621毫米

持续时间：3天

平均过程累积降水量：44.4毫米

过程最大累积降水量：160.8毫米（法库）

过程最大日降水量：155.5毫米（法库）

过程最大风速：16米/秒（长海）

过程暴雨站日数：17站日/17站

过程大风站日数：3站日/3站

致灾危险性等级：三级

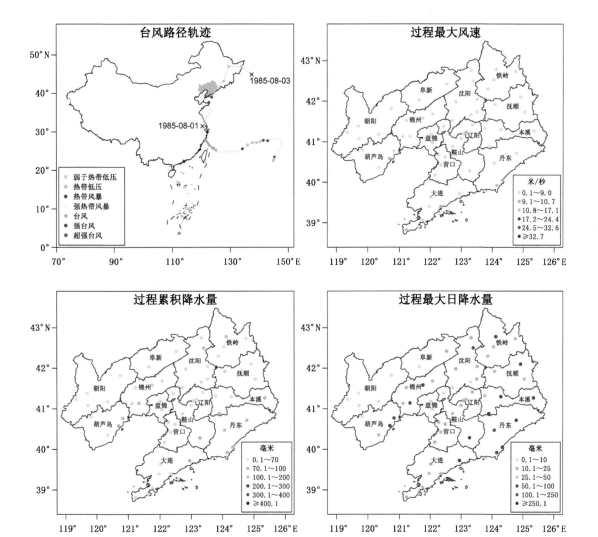

台风信息

年份：1985

序号：14

国际编号：未编号

CMA编号：8508

名称：Lee

登陆时间：未登录

登陆地点：未登录

登陆强度：未登录

生命期起止时间：1985-08-10 — 1985-08-16

生命期强度等级：强热带风暴

影响期起止时间：1985-08-14 — 1985-08-15

影响期强度等级：强热带风暴

致灾危险性评价

影响站点：50站

总降水量：1917.8毫米

持续时间：2天

平均过程累积降水量：38.4毫米

过程最大累积降水量：174.8毫米(东港)

过程最大日降水量：174.8毫米(东港)

过程最大风速：14.7米/秒(长海)

过程暴雨站日数：13站日/13站

过程大风站日数：2站日/2站

致灾危险性等级：四级

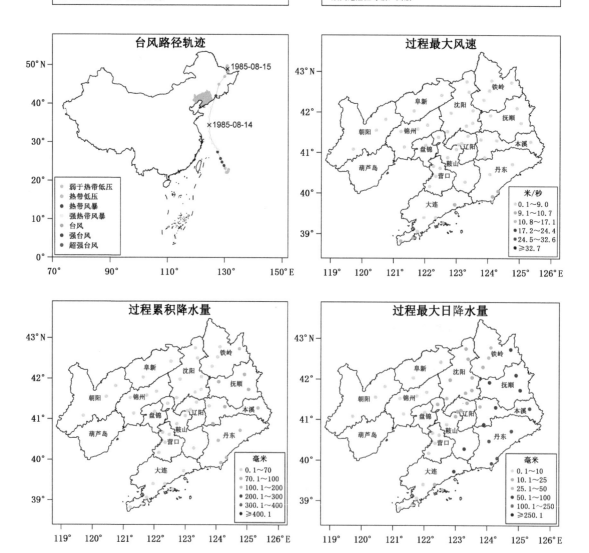

台风信息

年份：1985

序号：15

国际编号：未编号

CMA编号：8509

名称：Mimie

登陆时间：1985-08-19

登陆地点：大连市旅顺口区

登陆强度：强热带风暴

生命期起止时间：1985-08-14 — 1985-08-20

生命期强度等级：台风

影响期起止时间：1985-08-18 — 1985-08-20

影响期强度等级：台风

致灾危险性评价

影响站点：56站

总降水量：6346.8毫米

持续时间：3天

平均过程累积降水量：113.3毫米

过程最大累积降水量：317.3毫米（大洼）

过程最大日降水量：242.5毫米（辽阳）

过程最大风速：32.7米/秒（长海）

过程暴雨站日数：47站日/36站

过程大风站日数：51站日/38站

致灾危险性等级：一级

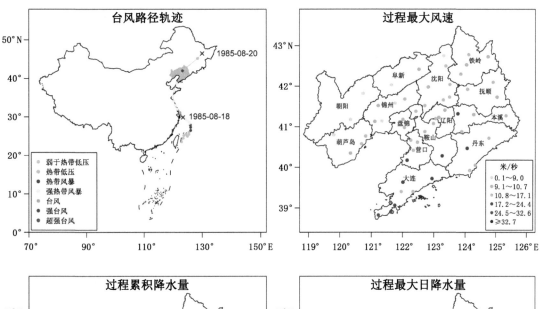

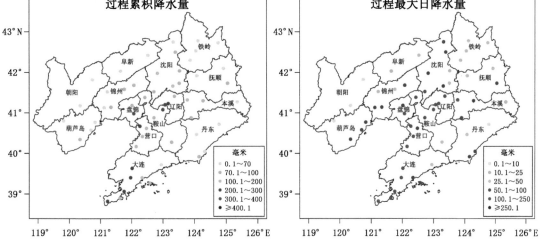

台风信息

年份：1985

序号：27

国际编号：未编号

CMA编号：8519

名称：Brendan

登陆时间：未登录

登陆地点：未登录

登陆强度：未登录

生命期起止时间：1985-09-29 — 1985-10-08

生命期强度等级：台风

影响期起止时间：1985-10-05 — 1985-10-05

影响期强度等级：台风

致灾危险性评价

影响站点：5站

总降水量：5毫米

持续时间：1天

平均过程累积降水量：1毫米

过程最大累积降水量：2.3毫米(庄河)

过程最大日降水量：2.3毫米(庄河)

过程最大风速：7米/秒(庄河)

过程暴雨站日数：0站日/0站

过程大风站日数：0站日/0站

致灾危险性等级：五级

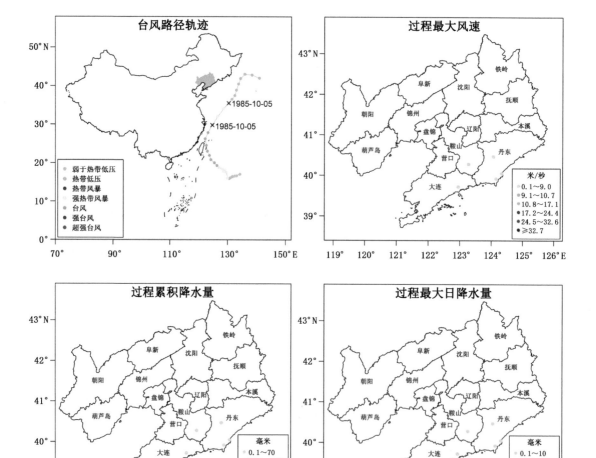

1986 年

台风信息

年份：1986

序号：17

国际编号：未编号

CMA编号：8615

名称：Vera

登陆时间：未登录

登陆地点：未登录

登陆强度：未登录

生命期起止时间：1986-08-13 — 1986-08-31

生命期强度等级：超强台风

影响期起止时间：1986-08-28 — 1986-08-29

影响期强度等级：台风

致灾危险性评价

影响站点：9站

总降水量：125毫米

持续时间：2天

平均过程累积降水量：13.9毫米

过程最大累积降水量：39.6毫米(桓仁)

过程最大日降水量：32.5毫米(桓仁)

过程最大风速：13米/秒 (丹东)

过程暴雨站日数：0站日/0站

过程大风站日数：1站日/1站

致灾危险性等级：四级

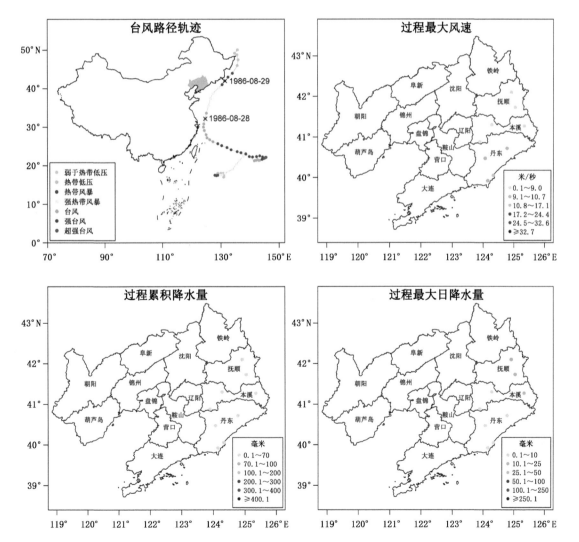

1987 年

台风信息

年份：1987

序号：6

国际编号：未编号

CMA编号：8704

名称：Thelma

登陆时间：未登录

登陆地点：未登录

登陆强度：未登录

生命期起止时间：1987-07-07 — 1987-07-17

生命期强度等级：超强台风

影响期起止时间：1987-07-16 — 1987-07-16

影响期强度等级：强热带风暴

致灾危险性评价

影响站点：9站

总降水量：45.9毫米

持续时间：1天

平均过程累积降水量：5.1毫米

过程最大累积降水量：26.2毫米(庄河)

过程最大日降水量：26.2毫米(庄河)

过程最大风速：7.3米/秒(新宾)

过程暴雨站日数：0站日/0站

过程大风站日数：0站日/0站

致灾危险性等级：五级

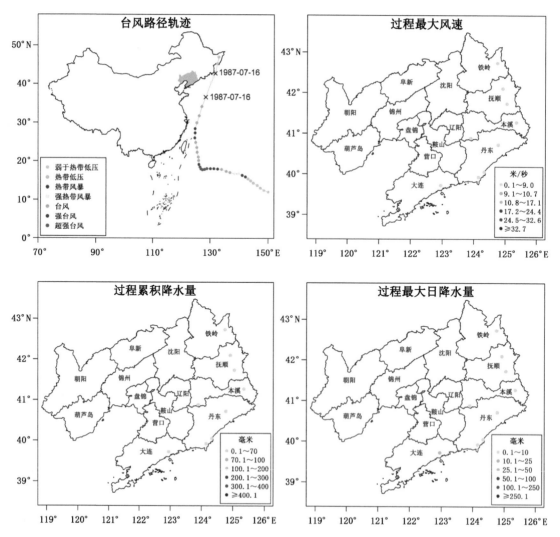

台风信息

年份：1987

序号：9

国际编号：未编号

CMA编号：8707

名称：Alex

登陆时间：未登录

登陆地点：未登录

登陆强度：未登录

生命期起止时间：1987-07-22 — 1987-07-30

生命期强度等级：台风

影响期起止时间：1987-07-29 — 1987-07-30

影响期强度等级：热带风暴

致灾危险性评价

影响站点：11站

总降水量：181.4毫米

持续时间：2天

平均过程累积降水量：16.5毫米

过程最大累积降水量：38.3毫米（丹东）

过程最大日降水量：35.9毫米（丹东）

过程最大风速：14米/秒（长海）

过程暴雨站日数：0站日/0站

过程大风站日数：2站日/1站

致灾危险性等级：四级

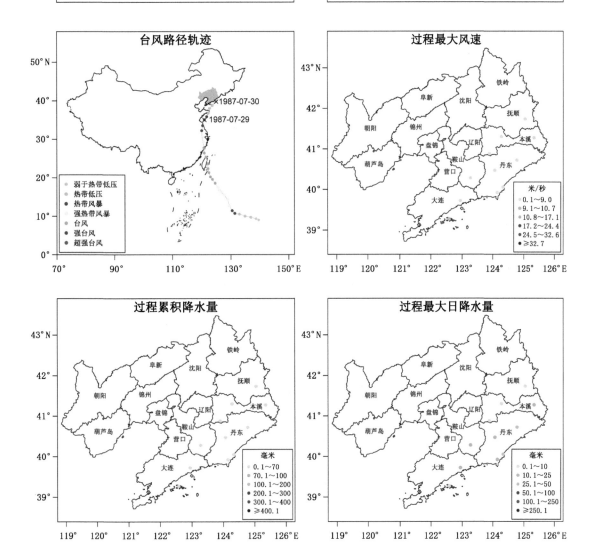

1989 年

台风信息

年份：1989

序号：28

国际编号：未编号

CMA编号：8923

名称：Vera

登陆时间：未登录

登陆地点：未登录

登陆强度：未登录

生命期起止时间：1989-09-11 — 1989-09-18

生命期强度等级：强热带风暴

影响期起止时间：1989-09-17 — 1989-09-17

影响期强度等级：强热带风暴

致灾危险性评价

影响站点：10站

总降水量：17.2毫米

持续时间：1天

平均过程累积降水量：1.7毫米

过程最大累积降水量：4.1毫米(大连)

过程最大日降水量：4.1毫米(大连)

过程最大风速：9米/秒(长海)

过程暴雨站日数：0站日/0站

过程大风站日数：0站日/0站

致灾危险性等级：五级

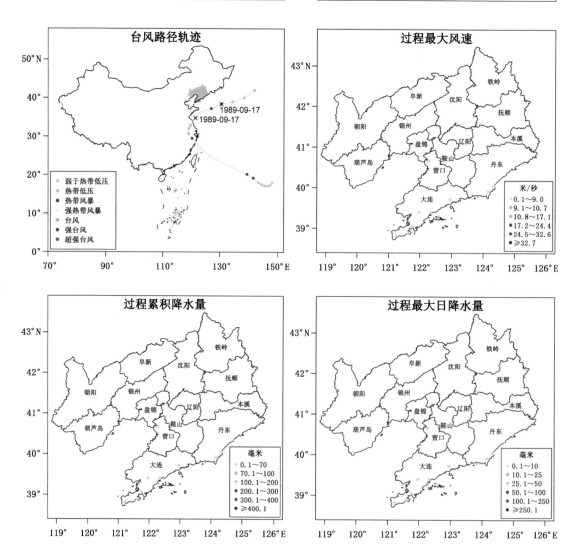

1990 年

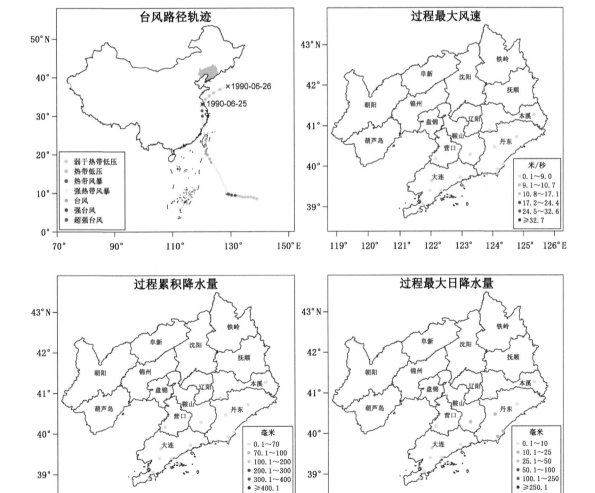

台风信息

年份：1990

序号：8

国际编号：未编号

CMA编号：9005

名称：Ofelia

登陆时间：未登录

登陆地点：未登录

登陆强度：未登录

生命期起止时间：1990-06-16 — 1990-06-26

生命期强度等级：台风

影响期起止时间：1990-06-25 — 1990-06-26

影响期强度等级：热带风暴

致灾危险性评价

影响站点：15站

总降水量：100.6毫米

持续时间：2天

平均过程累积降水量：6.7毫米

过程最大累积降水量：23.3毫米（凤城）

过程最大日降水量：23.1毫米（凤城）

过程最大风速：8.3米/秒（大连）

过程暴雨站日数：0站日/0站

过程大风站日数：0站日/0站

致灾危险性等级：五级

台风路径轨迹

×1990-06-26

×1990-06-25

弱于热带低压
热带低压
热带风暴
热带风暴
台风
强台风
超强台风

过程最大风速

米/秒

0.1～9.0
9.1～10.7
10.8～17.1
17.2～24.4
24.5～32.6
≥32.7

过程累积降水量

毫米

0.1～70
70.1～100
100.1～200
200.1～300
300.1～400
≥400.1

过程最大日降水量

毫米

0.1～10
10.1～25
25.1～50
50.1～100
100.1～250
≥250.1

台风信息

年份：1990

序号：22

国际编号：未编号

CMA编号：9015

名称：Abe

登陆时间：未登录

登陆地点：未登录

登陆强度：未登录

生命期起止时间：1990-08-24 — 1990-09-03

生命期强度等级：强台风

影响期起止时间：1990-09-01 — 1990-09-02

影响期强度等级：强热带风暴

致灾危险性评价

影响站点：15站

总降水量：212.6毫米

持续时间：2天

平均过程累积降水量：14.2毫米

过程最大累积降水量：67.1毫米(皮口)

过程最大日降水量：61.8毫米(皮口)

过程最大风速：12米/秒(大连)

过程暴雨站日数：1站日/1站

过程大风站日数：1站日/1站

致灾危险性等级：四级

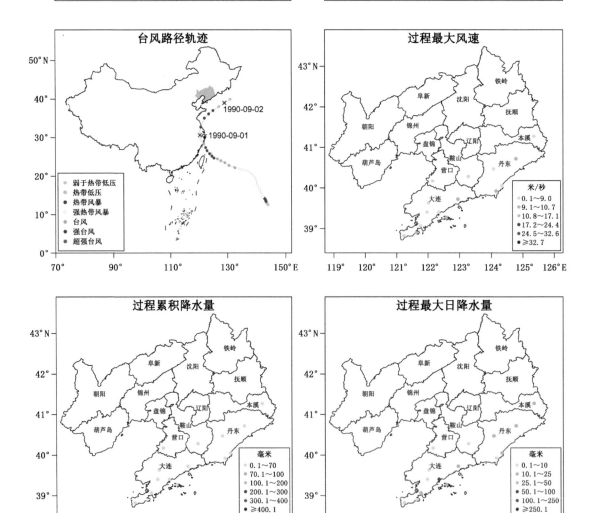

1991 年

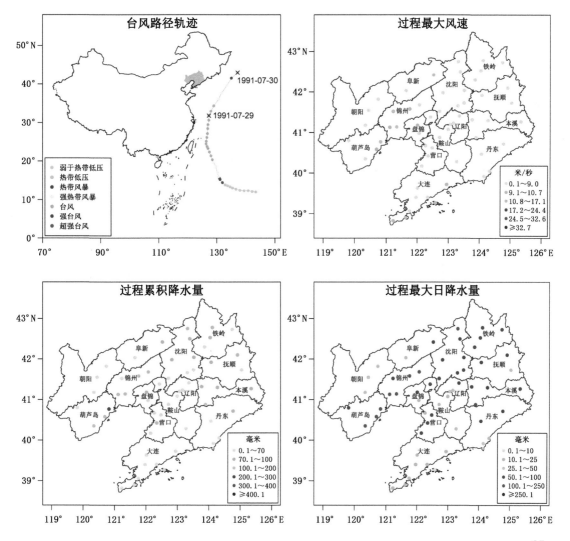

台风信息

年份：1991

序号：14

国际编号：未编号

CMA编号：9112

名称：Gladys

登陆时间：未登陆

登陆地点：未登录

登陆强度：未登录

生命期起止时间：1991-08-15 — 1991-08-25

生命期强度等级：强热带风暴

影响期起止时间：1991-08-24 — 1991-08-24

影响期强度等级：热带风暴

致灾危险性评价

影响站点：5站

总降水量：4.6毫米

持续时间：1天

平均过程累积降水量：0.9毫米

过程最大累积降水量：2.3毫米(庄河)

过程最大日降水量：2.3毫米(庄河)

过程最大风速：11米/秒(长海)

过程暴雨站日数：0站日/0站

过程大风站日数：1站日/1站

致灾危险性等级：四级

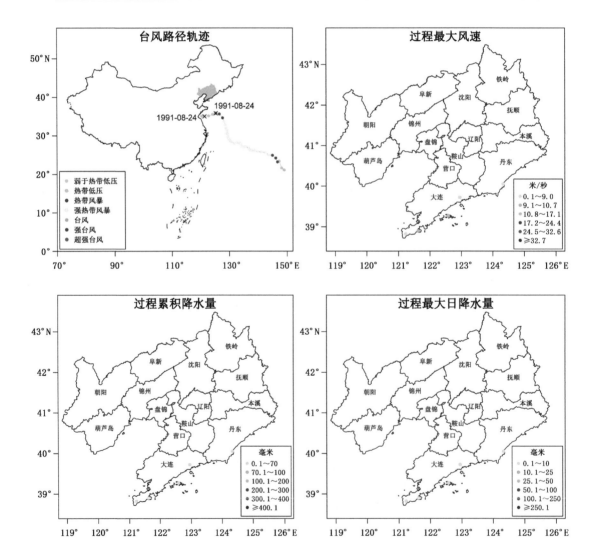

1992 年

台风信息

年份：1992

序号：17

国际编号：未编号

CMA编号：9216

名称：Polly

登陆时间：未登录

登陆地点：未登录

登陆强度：未登录

生命期起止时间：1992-08-27 — 1992-09-02

生命期强度等级：台风

影响期起止时间：1992-09-02 — 1992-09-02

影响期强度等级：热带低压

致灾危险性评价

影响站点：37站

总降水量：582.6毫米

持续时间：1天

平均过程累积降水量：15.7毫米

过程最大累积降水量：63.1毫米（东港）

过程最大日降水量：63.1毫米（东港）

过程最大风速：15.4米/秒（长海）

过程暴雨站日数：4站日/4站

过程大风站日数：4站日/4站

致灾危险性等级：四级

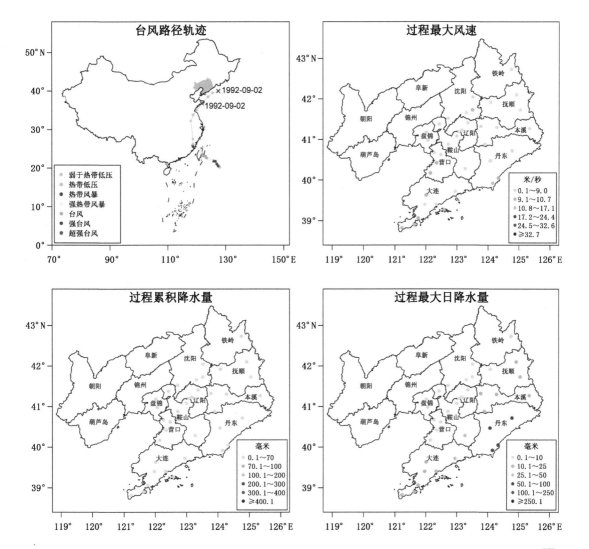

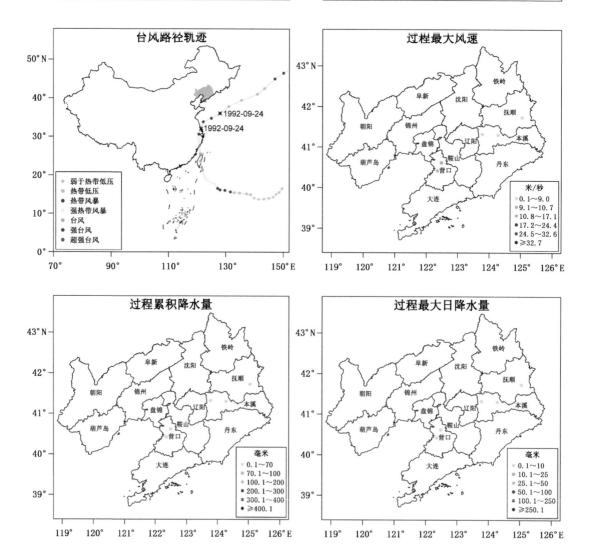

1994 年

台风信息

年份：1994

序号：6

国际编号：未编号

CMA编号：9406

名称：Tim

登陆时间：

登陆地点：

登陆强度：

生命期起止时间：1994-07-07 — 1994-07-13

生命期强度等级：超强台风

影响期起止时间：1994-07-13 — 1994-07-13

影响期强度等级：弱于热带低压

致灾危险性评价

影响站点：38站

总降水量：2341.9毫米

持续时间：1天

平均过程累积降水量：61.6毫米

过程最大累积降水量：225.1毫米（朝阳）

过程最大日降水量：225.1毫米（朝阳）

过程最大风速：14米/秒（葫芦岛）

过程暴雨站日数：15站日/15站

过程大风站日数：13站日/13站

致灾危险性等级：三级

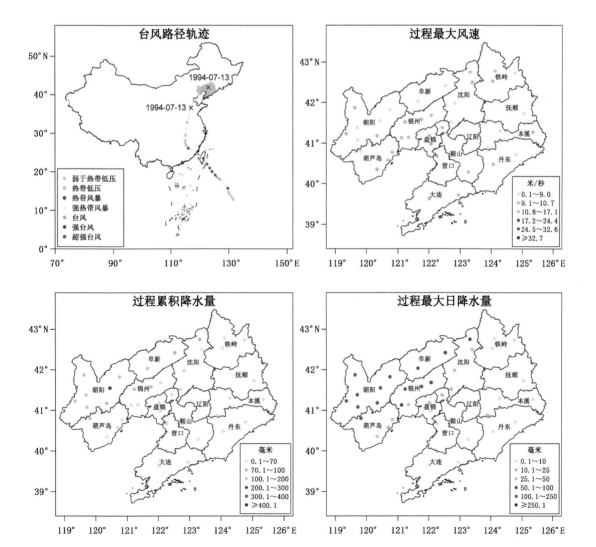

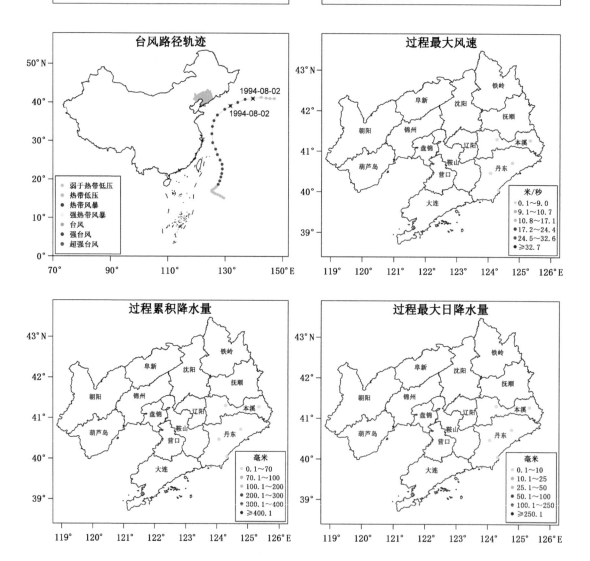

台风信息

年份：1994

序号：16

国际编号：未编号

CMA编号：9414

名称：Dous

登陆时间：未登录

登陆地点：未登录

登陆强度：未登录

生命期起止时间：1994-08-01 — 1994-08-13

生命期强度等级：强台风

影响期起止时间：1994-08-10 — 1994-08-10

影响期强度等级：强热带风暴

致灾危险性评价

影响站点：10站

总降水量：6.2毫米

持续时间：1天

平均过程累积降水量：0.6毫米

过程最大累积降水量：1.7毫米(苏家屯)

过程最大日降水量：1.7毫米(苏家屯)

过程最大风速：7米/秒(辽中)

过程暴雨站日数：0站日/0站

过程大风站日数：0站日/0站

致灾危险性等级：五级

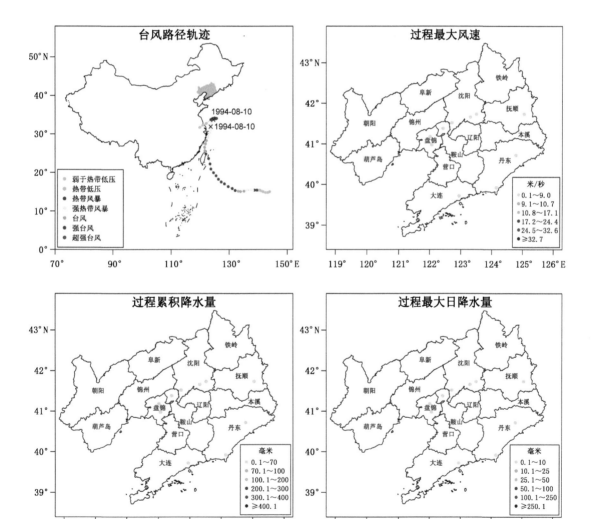

71

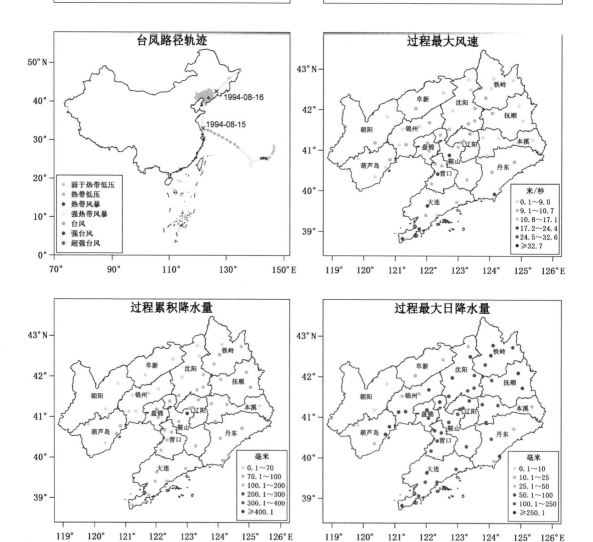

台风信息

年份: 1994

序号: 17

国际编号: 未编号

CMA编号: 9415

名称: Ellie

登陆时间: 1994-08-16

登陆地点: 大连市长海县

登陆强度: 热带风暴

生命期起止时间: 1994-08-06 — 1994-08-17

生命期强度等级: 台风

影响期起止时间: 1994-08-15 — 1994-08-16

影响期强度等级: 强热带风暴

致灾危险性评价

影响站点: 56站

总降水量: 6028.7毫米

持续时间: 2天

平均过程累积降水量: 107.7毫米

过程最大累积降水量: 226毫米(鞍山)

过程最大日降水量: 188.9毫米(鞍山)

过程最大风速: 22米/秒(盖州)

过程暴雨站日数: 48站日/44站

过程大风站日数: 22站日/22站

致灾危险性等级: 一级

台风信息

年份：1994

序号：19

国际编号：未编号

CMA编号：9417

名称：Fred

登陆时间：未登录

登陆地点：未登录

登陆强度：未登录

生命期起止时间：1994-08-14 — 1994-08-25

生命期强度等级：超强台风

影响期起止时间：1994-08-24 — 1994-08-25

影响期强度等级：弱于热带低压

致灾危险性评价

影响站点：53站

总降水量：826.2毫米

持续时间：2天

平均过程累积降水量：15.6毫米

过程最大累积降水量：48.7毫米(抚顺)

过程最大日降水量：48.7毫米(抚顺)

过程最大风速：8.7米/秒(盘山)

过程暴雨站日数：0站日/0站

过程大风站日数：0站日/0站

致灾危险性等级：五级

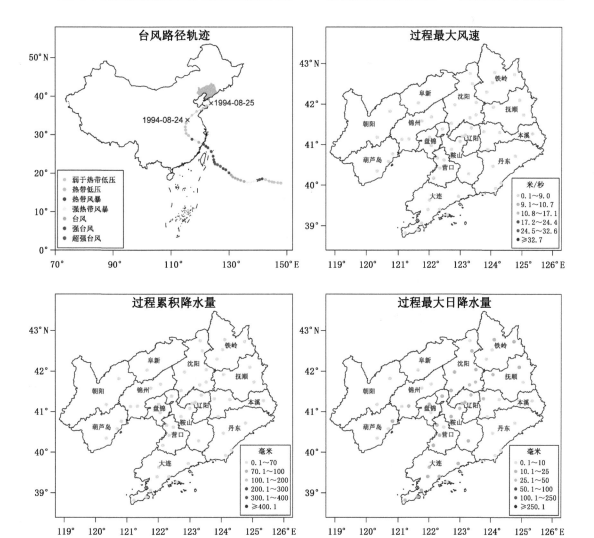

1997 年

台风信息

年份：1997

序号：12

国际编号：未编号

CMA编号：9709

名称：Tina

登陆时间：未登录

登陆地点：未登录

登陆强度：未登录

生命期起止时间：1997-07-31 — 1997-08-11

生命期强度等级：强台风

影响期起止时间：1997-08-08 — 1997-08-08

影响期强度等级：台风

致灾危险性评价

影响站点：10站

总降水量：57.1毫米

持续时间：1天

平均过程累积降水量：5.7毫米

过程最大累积降水量：23.8毫米(东港)

过程最大日降水量：23.8毫米(东港)

过程最大风速：7.7米/秒(长海)

过程暴雨站日数：0站日/0站

过程大风站日数：0站日/0站

致灾危险性等级：五级

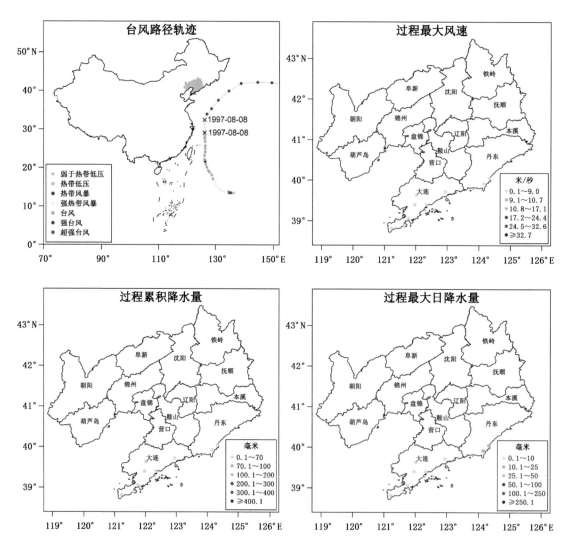

台风信息

年份：1997

序号：14

国际编号：未编号

CMA编号：9711

名称：Winnie

登陆时间：1997-08-20

登陆地点：盘锦市大洼县

登陆强度：热带风暴

生命期起止时间：1997-08-08 — 1997-08-22

生命期强度等级：超强台风

影响期起止时间：1997-08-20 — 1997-08-21

影响期强度等级：热带风暴

致灾危险性评价

影响站点：61站

总降水量：7940.7毫米

持续时间：2天

平均过程累积降水量：130.2毫米

过程最大累积降水量：232.3毫米(台安)

过程最大日降水量：178.6毫米(康平)

过程最大风速：20.7米/秒(东港)

过程暴雨站日数：66站日/52站

过程大风站日数：47站日/34站

致灾危险性等级：一级

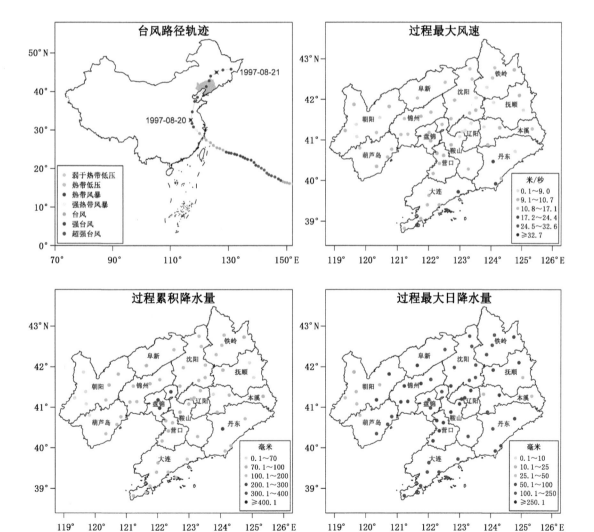

1999 年

台风信息

年份：1999

序号：10

国际编号：未编号

CMA编号：9906

名称：Olga

登陆时间：未登录

登陆地点：未登录

登陆强度：未登录

生命期起止时间：1999-07-29 — 1999-08-04

生命期强度等级：台风

影响期起止时间：1999-08-03 — 1999-08-04

影响期强度等级：台风

致灾危险性评价

影响站点：29站

总降水量：396毫米

持续时间：2天

平均过程累积降水量：13.7毫米

过程最大累积降水量：49.7毫米(宽甸)

过程最大日降水量：42.4毫米(宽甸)

过程最大风速：10.7米/秒(沈阳)

过程暴雨站日数：0站日/0站

过程大风站日数：0站日/0站

致灾危险性等级：五级

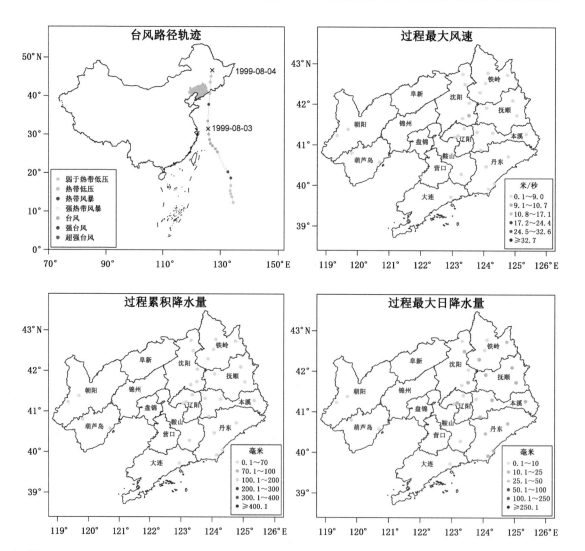

台风信息

年份：1999

序号：11

国际编号：未编号

CMA编号：9907

名称：Paul

登陆时间：未登录

登陆地点：未登录

登陆强度：未登录

生命期起止时间：1999-08-03 — 1999-08-09

生命期强度等级：强热带风暴

影响期起止时间：1999-08-09 — 1999-08-09

影响期强度等级：弱于热带低压

致灾危险性评价

影响站点：4站

总降水量：39.8毫米

持续时间：1天

平均过程累积降水量：9.9毫米

过程最大累积降水量：16毫米(金州)

过程最大日降水量：16毫米(金州)

过程最大风速：9.2米/秒(长海)

过程暴雨站日数：0站日/0站

过程大风站日数：0站日/0站

致灾危险性等级：五级

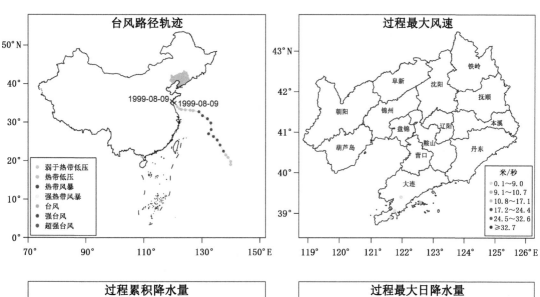

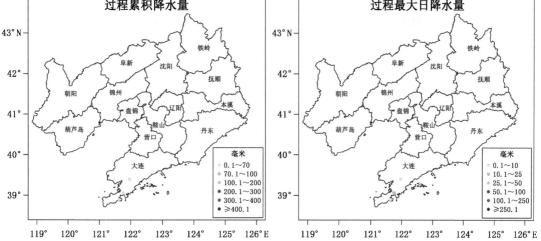

2000 年

台风信息

年份：2000

序号：7

国际编号：未编号

CMA编号：0004

名称：启德（Kai-Tak）

登陆时间：2000-07-11

登陆地点：丹东市东港市

登陆强度：热带风暴

生命期起止时间：2000-07-02 — 2000-07-11

生命期强度等级：台风

影响期起止时间：2000-07-11 — 2000-07-11

影响期强度等级：热带风暴

致灾危险性评价

影响站点：44站

总降水量：1734.3毫米

持续时间：1天

平均过程累积降水量：39.4毫米

过程最大累积降水量：148.4毫米（丹东）

过程最大日降水量：148.4毫米（丹东）

过程最大风速：12.3米/秒（长海）

过程暴雨站日数：15站日/15站

过程大风站日数：6站日/6站

致灾危险性等级：三级

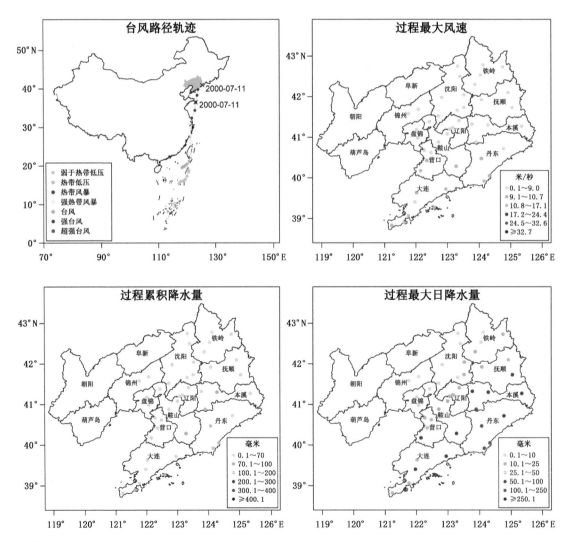

台风信息

年份：2000

序号：16

国际编号：未编号

CMA编号：0012

名称：派比安（Prapiroon）

登陆时间：未登录

登陆地点：未登录

登陆强度：未登录

生命期起止时间：2000-08-26 — 2000-09-01

生命期强度等级：台风

影响起止时间：2000-08-31 — 2000-09-01

影响期强度等级：台风

致灾危险性评价

影响站点：58站

总降水量：1139.7毫米

持续时间：2天

平均过程累积降水量：19.6毫米

过程最大累积降水量：95.8毫米（盖州）

过程最大日降水量：95.8毫米（盖州）

过程最大风速：11米/秒（长海）

过程暴雨站日数：3站日/3站

过程大风站日数：1站日/1站

致灾危险性等级：四级

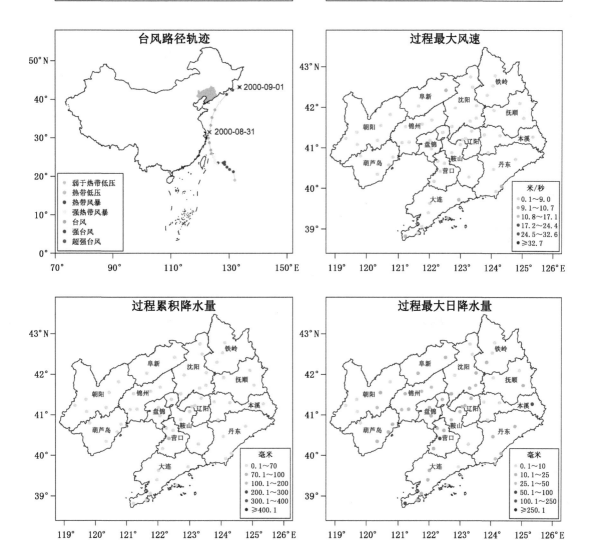

2001 年

台风信息

年份：2001

序号：8

国际编号：未编号

CMA编号：0108

名称：桃芝（Toraji）

登陆时间：2001-08-02

登陆地点：葫芦岛市绥中县

登陆强度：热带低压

生命期起止时间：2001-07-25 — 2001-08-02

生命期强度等级：台风

影响期起止时间：2001-08-01 — 2001-08-02

影响期强度等级：热带低压

致灾危险性评价

影响站点：60站

总降水量：2544毫米

持续时间：2天

平均过程累积降水量：42.4毫米

过程最大累积降水量：103.2毫米(沈阳)

过程最大日降水量：103.2毫米(沈阳)

过程最大风速：16.2米/秒(长海)

过程暴雨站日数：18站日/18站

过程大风站日数：9站日/9站

致灾危险性等级：三级

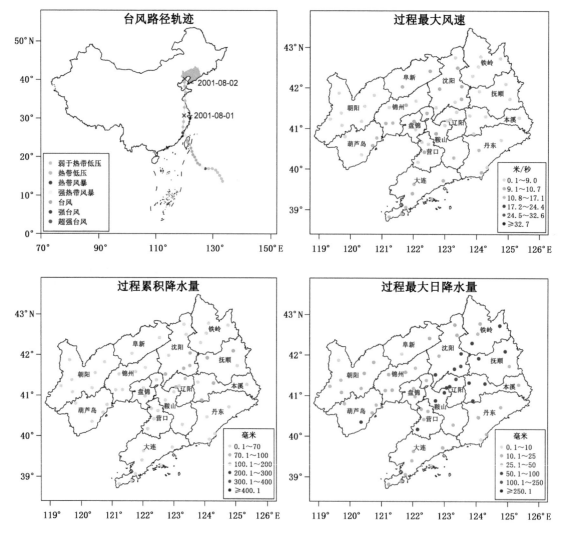

2002 年

台风信息

年份：2002

序号：7

国际编号：未编号

CMA编号：0205

名称：威马逊（Rammasun）

登陆时间：未登陆

登陆地点：未登陆

登陆强度：未登陆

生命期起止时间：2002-06-28 — 2002-07-06

生命期强度等级：强台风

影响期起止时间：2002-07-06 — 2002-07-06

影响期强度等级：热带风暴

致灾危险性评价

影响站点：6站

总降水量：2毫米

持续时间：1天

平均过程累积降水量：0.3毫米

过程最大累积降水量：1.3毫米(丹东)

过程最大日降水量：1.3毫米(丹东)

过程最大风速：10.1米/秒(丹东)

过程暴雨站日数：0站日/0站

过程大风站日数：0站日/0站

致灾危险性等级：五级

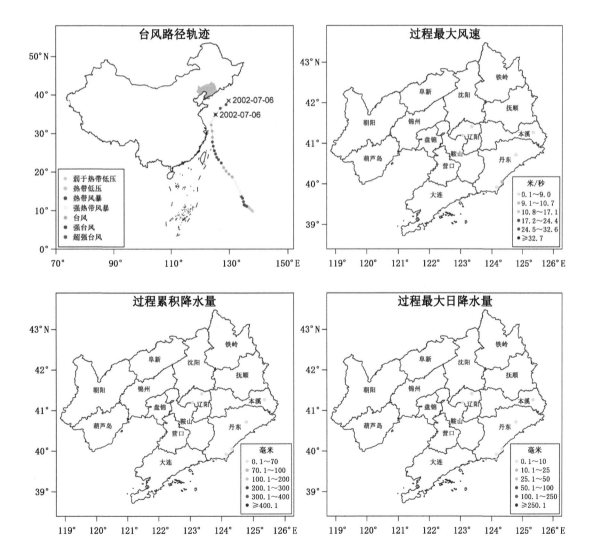

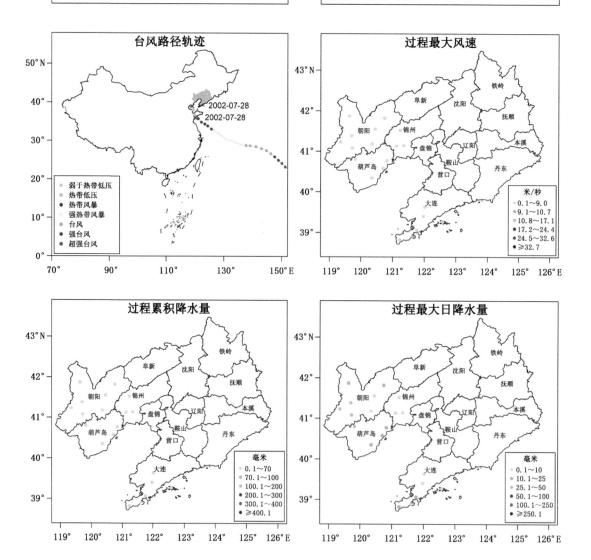

台风信息

年份：2002

序号：11

国际编号：未编号

CMA编号：0209

名称：风神（Fengshen）

登陆时间：未登录

登陆地点：未登录

登陆强度：未登录

生命期起止时间：2002-07-14 — 2002-07-28

生命期强度等级：超强台风

影响期起止时间：2002-07-28 — 2002-07-28

影响期强度等级：热带低压

致灾危险性评价

影响站点：20站

总降水量：293.5毫米

持续时间：1天

平均过程累积降水量：14.7毫米

过程最大累积降水量：40.8毫米(凌源)

过程最大日降水量：40.8毫米(凌源)

过程最大风速：9米/秒(大连)

过程暴雨站日数：0站日/0站

过程大风站日数：0站日/0站

致灾危险性等级：五级

台风路径轨迹

2002-07-28
2002-07-28

弱于热带低压
热带低压
热带风暴
强热带风暴
台风
强台风
超强台风

过程最大风速

米/秒
0.1～9.0
9.1～10.7
10.8～17.1
17.2～24.4
24.5～32.6
≥32.7

过程累积降水量

毫米
0.1～70
70.1～100
100.1～200
200.1～300
300.1～400
≥400.1

过程最大日降水量

毫米
0.1～10
10.1～25
25.1～50
50.1～100
100.1～250
≥250.1

2004 年

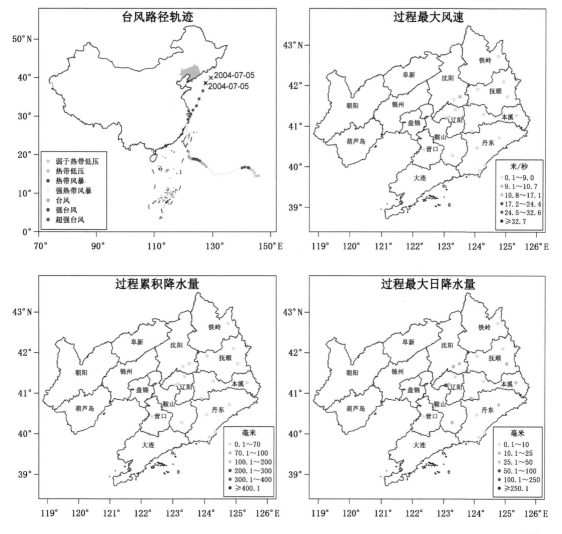

台风信息

年份：2004

序号：10

国际编号：未编号

CMA编号：0407

名称：蒲公英（Mindule）

登陆时间：未登录

登陆地点：未登录

登陆强度：未登录

生命期起止时间：2004-06-22 — 2004-07-05

生命期强度等级：强台风

影响期起止时间：2004-07-05 — 2004-07-05

影响期强度等级：热带风暴

致灾危险性评价

影响站点：18站

总降水量：262.4毫米

持续时间：1天

平均过程累积降水量：14.6毫米

过程最大累积降水量：53.1毫米(辽阳县)

过程最大日降水量：53.1毫米(辽阳县)

过程最大风速：11.4米/秒(辽阳县)

过程暴雨站日数：1站日/1站

过程大风站日数：1站日/1站

致灾危险性等级：四级

台风信息

年份：2004

序号：25

国际编号：未编号

CMA编号：0421

名称：海马（Haima）

登陆时间：未登录

登陆地点：未登录

登陆强度：未登录

生命期起止时间：2004-09-11 — 2004-09-16

生命期强度等级：热带风暴

影响期起止时间：2004-09-15 — 2004-09-15

影响期强度等级：热带低压

致灾危险性评价

影响站点：59站

总降水量：813.2毫米

持续时间：1天

平均过程累积降水量：13.8毫米

过程最大累积降水量：60毫米(建昌)

过程最大日降水量：60毫米(建昌)

过程最大风速：14.2米/秒(葫芦岛)

过程暴雨站日数：1站日/1站

过程大风站日数：6站日/6站

致灾危险性等级：四级

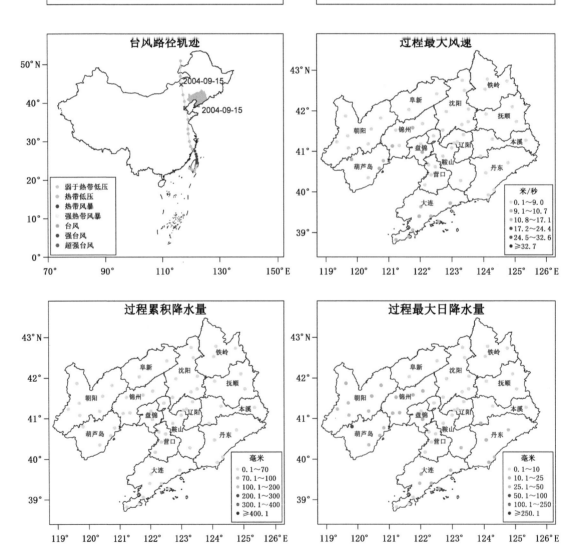

2005 年

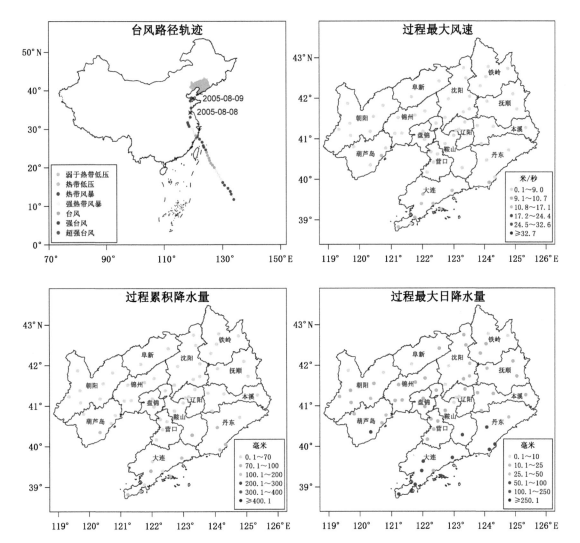

台风信息

年份：2005

序号：9

国际编号：未编号

CMA编号：0509

名称：麦莎（Matsa）

登陆时间：

登陆地点：

登陆强度：

生命期起止时间：2005-07-31 — 2005-08-09

生命期强度等级：强台风

影响期起止时间：2005-08-08 — 2005-08-09

影响期强度等级：热带风暴

致灾危险性评价

影响站点：61站

总降水量：2172.6毫米

持续时间：2天

平均过程累积降水量：35.6毫米

过程最大累积降水量：118毫米（绥中）

过程最大日降水量：99.4毫米（旅顺）

过程最大风速：15.2米/秒（瓦房店）

过程暴雨站日数：13站日/12站

过程大风站日数：8站日/7站

致灾危险性等级：三级

台风路径轨迹

过程最大风速

过程累积降水量

过程最大日降水量

2006 年

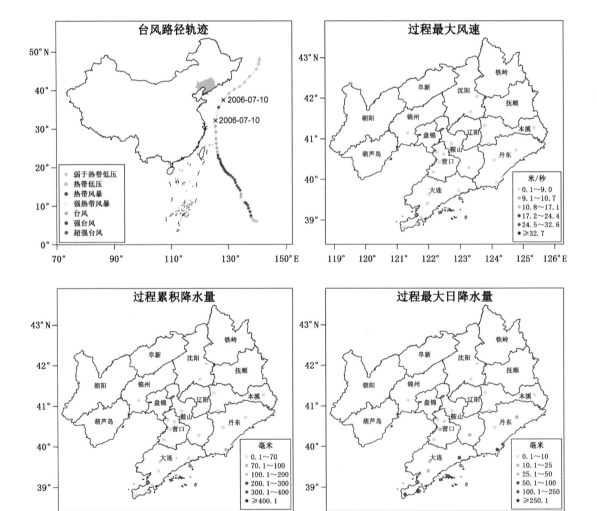

台风信息

年份：2006

序号：4

国际编号：未编号

CMA编号：0603

名称：艾云尼（Ewiniar）

登陆时间：未登陆

登陆地点：未登陆

登陆强度：未登陆

生命期起止时间：2006-06-29 — 2006-07-13

生命期强度等级：超强台风

影响期起止时间：2006-07-10 — 2006-07-10

影响期强度等级：强热带风暴

致灾危险性评价

影响站点：23站

总降水量：686.9毫米

持续时间：1天

平均过程累积降水量：29.9毫米

过程最大累积降水量：170.6毫米(丹东)

过程最大日降水量：170.6毫米(丹东)

过程最大风速：6.5米/秒(营口)

过程暴雨站日数：6站日/6站

过程大风站日数：0站日/0站

致灾危险性等级：四级

台风路径轨迹

过程最大风速

过程累积降水量

过程最大日降水量

2007 年

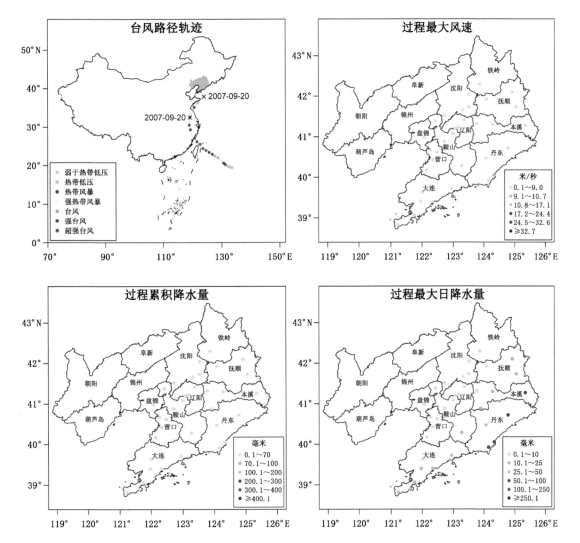

台风信息

年份：2007

序号：13

国际编号：未编号

CMA编号：0713

名称：韦帕(Wipha)

登陆时间：未登陆

登陆地点：未登陆

登陆强度：未登陆

生命期起止时间：2007-09-15 — 2007-09-20

生命期强度等级：超强台风

影响期起止时间：2007-09-20 — 2007-09-20

影响期强度等级：热带风暴

致灾危险性评价

影响站点：36站

总降水量：633.1毫米

持续时间：1天

平均过程累积降水量：17.6毫米

过程最大累积降水量：58.6毫米(宽甸)

过程最大日降水量：58.6毫米(宽甸)

过程最大风速：10.5米/秒(丹东)

过程暴雨站日数：4站日/4站

过程大风站日数：0站日/0站

致灾危险性等级：四级

2008 年

台风信息

年份：2008

序号：8

国际编号：未编号

CMA编号：0807

名称：海鸥（Kalmaegi）

登陆时间：未登陆

登陆地点：未登陆

登陆强度：未登陆

生命期起止时间：2008-07-13 — 2008-07-23

生命期强度等级：台风

影响期起止时间：2008-07-20 — 2008-07-21

影响期强度等级：热带低压

致灾危险性评价

影响站点：43站

总降水量：601.1毫米

持续时间：2天

平均过程累积降水量：14毫米

过程最大累积降水量：42.3毫米(桓仁)

过程最大日降水量：42.1毫米(桓仁)

过程最大风速：7米/秒(岫岩)

过程暴雨站日数：0站日/0站

过程大风站日数：0站日/0站

致灾危险性等级：五级

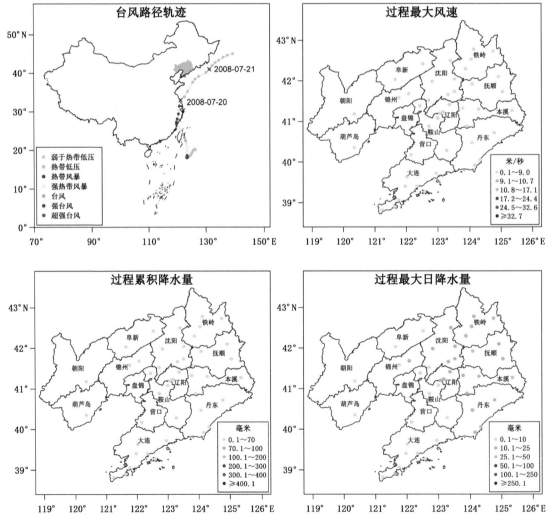

2010 年

台风信息

年份：2010

序号：5

国际编号：未编号

CMA编号：1004

名称：电母（Dianmu）

登陆时间：未登录

登陆地点：未登录

登陆强度：未登录

生命期起止时间：2010-08-07 — 2010-08-13

生命期强度等级：强热带风暴

影响期起止时间：2010-08-10 — 2010-08-10

影响期强度等级：强热带风暴

致灾危险性评价

影响站点：16站

总降水量：371.8毫米

持续时间：1天

平均过程累积降水量：23.2毫米

过程最大累积降水量：73.6毫米（长海）

过程最大日降水量：73.6毫米（长海）

过程最大风速：5.8米/秒（长海）

过程暴雨站日数：2站日/2站

过程大风站日数：0站日/0站

致灾危险性等级：四级

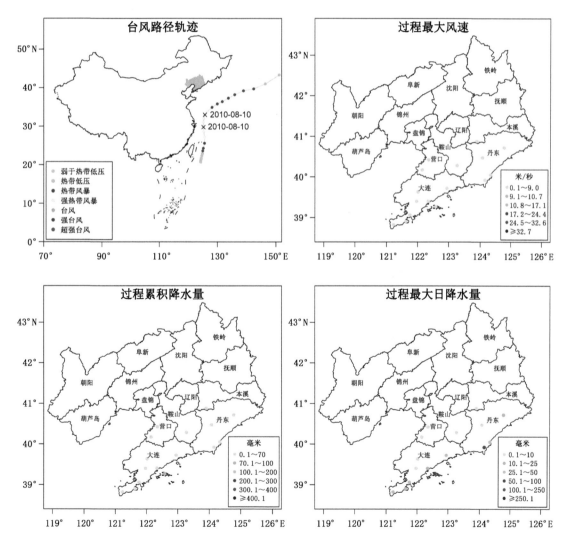

台风信息

年份：2010

序号：8

国际编号：未编号

CMA编号：1007

名称：圆规（Kompasu）

登陆时间：未登录

登陆地点：未登录

登陆强度：未登录

生命期起止时间：2010-08-28 — 2010-09-04

生命期强度等级：强台风

影响期起止时间：2010-09-02 — 2010-09-02

影响期强度等级：台风

致灾危险性评价

影响站点：4站

总降水量：1.9毫米

持续时间：1天

平均过程累积降水量：0.5毫米

过程最大累积降水量：0.7毫米(羊山)

过程最大日降水量：0.7毫米(羊山)

过程最大风速：4米/秒(喀左)

过程暴雨站日数：0站日/0站

过程大风站日数：0站日/0站

致灾危险性等级：五级

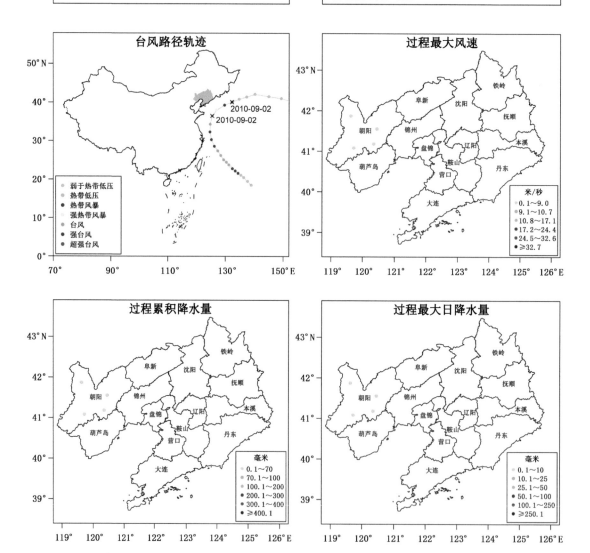

2011 年

台风信息

年份：2011

序号：8

国际编号：未编号

CMA编号：1105

名称：米雷（Meari）

登陆时间：未登录

登陆地点：未登录

登陆强度：未登录

生命期起止时间：2011-06-21 — 2011-06-27

生命期强度等级：强热带风暴

影响期起止时间：2011-06-26 — 2011-06-27

影响期强度等级：强热带风暴

致灾危险性评价

影响站点：60站

总降水量：2126.2毫米

持续时间：2天

平均过程累积降水量：35.4毫米

过程最大累积降水量：166.6毫米（大连）

过程最大日降水量：156.7毫米（大连）

过程最大风速：14米/秒（长海）

过程暴雨站日数：12站日/12站

过程大风站日数：3站日/2站

致灾危险性等级：四级

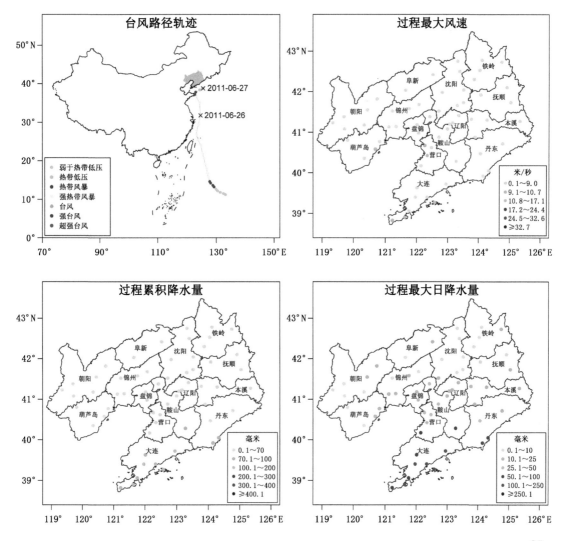

台风信息

年份：2011

序号：12

国际编号：未编号

CMA编号：1109

名称：梅花（Muifa）

登陆时间：未登录

登陆地点：未登录

登陆强度：未登录

生命期起止时间：2011-07-27 — 2011-08-09

生命期强度等级：超强台风

影响期起止时间：2011-08-07 — 2011-08-09

影响期强度等级：台风

致灾危险性评价

影响站点：61站

总降水量：3709.5毫米

持续时间：3天

平均过程累积降水量：60.8毫米

过程最大累积降水量：145.9毫米(大连)

过程最大日降水量：113.1毫米(盖州)

过程最大风速：12米/秒(长海)

过程暴雨站日数：16站日/16站

过程大风站日数：3站日/2站

致灾危险性等级：四级

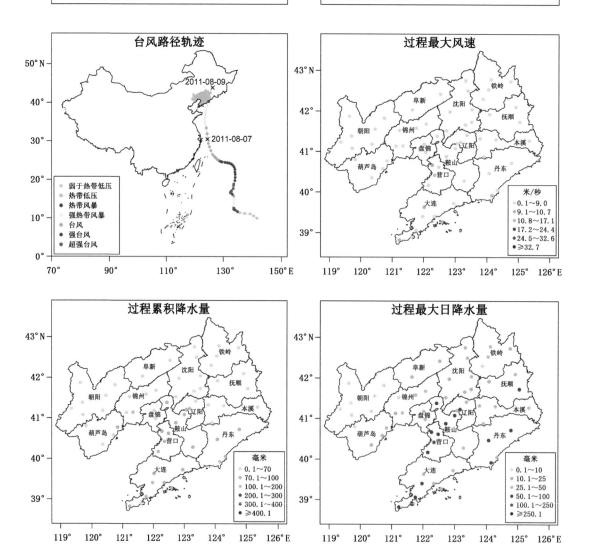

2012 年

台风信息

年份：2012

序号：8

国际编号：未编号

CMA编号：1207

名称：卡努（Khanun）

登陆时间：未登陆

登陆地点：未登陆

登陆强度：未登陆

生命期起止时间：2012-07-15 — 2012-07-20

生命期强度等级：强热带风暴

影响期起止时间：2012-07-19 — 2012-07-19

影响期强度等级：热带风暴

致灾危险性评价

影响站点：10站

总降水量：51.7毫米

持续时间：1天

平均过程累积降水量：5.2毫米

过程最大累积降水量：27毫米（东港）

过程最大日降水量：27毫米（东港）

过程最大风速：7米/秒（东港）

过程暴雨站日数：0站日/0站

过程大风站日数：0站日/0站

致灾危险性等级：五级

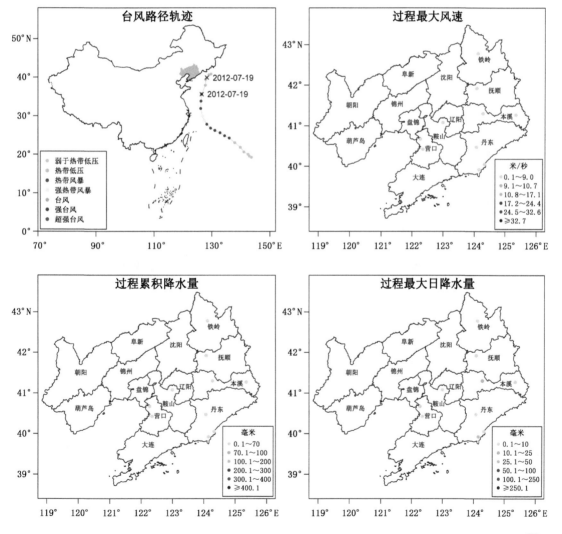

台风信息

年份：2012

序号：11

国际编号：未编号

CMA编号：1210

名称：达维（Damrey）

登陆时间：未登录

登陆地点：未登录

登陆强度：未登录

生命期起止时间：2012-07-27 — 2012-08-04

生命期强度等级：台风

影响期起止时间：2012-08-02 — 2012-08-04

影响期强度等级：台风

致灾危险性评价

影响站点：61站

总降水量：6922.8毫米

持续时间：3天

平均过程累积降水量：113.5毫米

过程最大累积降水量：260.6毫米(盖州)

过程最大日降水量：198.3毫米(本溪县)

过程最大风速：11.8米/秒(长海)

过程暴雨站日数：57站日/47站

过程大风站日数：1站日/1站

致灾危险性等级：二级

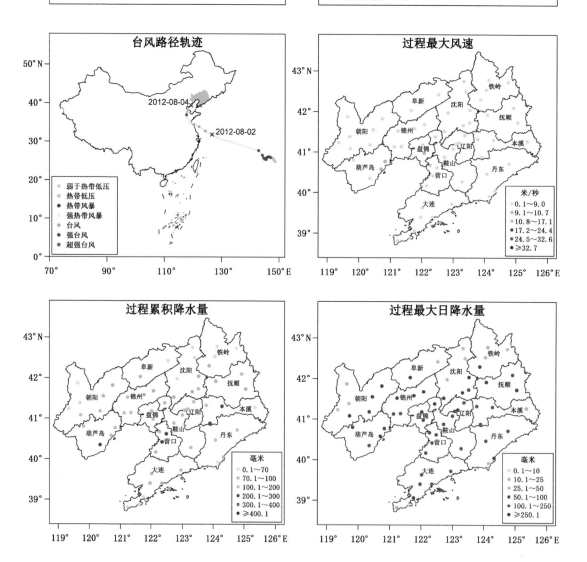

台风信息

年份：2012

序号：16

国际编号：未编号

CMA编号：1215

名称：布拉万（Bolaven）

登陆时间：未登录

登陆地点：未登录

登陆强度：未登录

生命期起止时间：2012-08-19 — 2012-08-30

生命期强度等级：超强台风

影响期起止时间：2012-08-28 — 2012-08-29

影响期强度等级：台风

致灾危险性评价

影响站点：50站

总降水量：2454.8毫米

持续时间：2天

平均过程累积降水量：49.1毫米

过程最大累积降水量：130.5毫米(本溪县)

过程最大日降水量：100.4毫米(灯塔)

过程最大风速：14.4米/秒(长海)

过程暴雨站日数：21站日/20站

过程大风站日数：5站日/4站

致灾危险性等级：三级

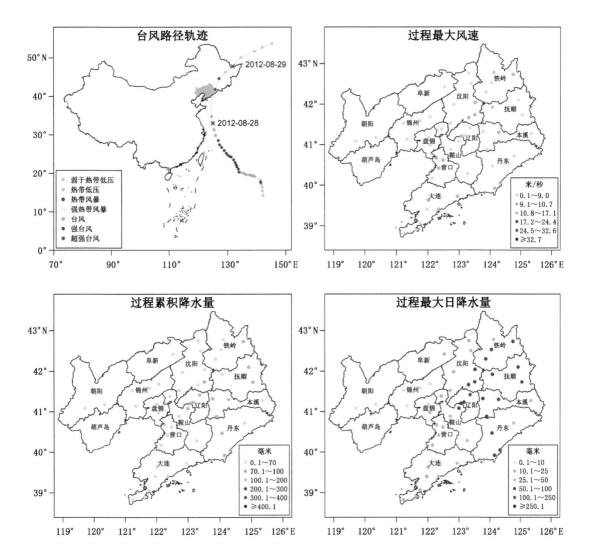

台风路径轨迹

过程最大风速

过程累积降水量

过程最大日降水量

2014 年

台风信息

年份：2014

序号：11

国际编号：未编号

CMA编号：1410

名称：麦德姆（Matmo）

登陆时间：未登录

登陆地点：未登录

登陆强度：未登录

生命期起止时间：2014-07-17 — 2014-07-26

生命期强度等级：强台风

影响期起止时间：2014-07-25 — 2014-07-26

影响期强度等级：热带风暴

致灾危险性评价

影响站点：22站

总降水量：723.8毫米

持续时间：2天

平均过程累积降水量：32.9毫米

过程最大累积降水量：161.8毫米（丹东）

过程最大日降水量：83.1毫米（东港）

过程最大风速：13.9米/秒（长海）

过程暴雨站日数：4站日/2站

过程大风站日数：4站日/3站

致灾危险性等级：四级

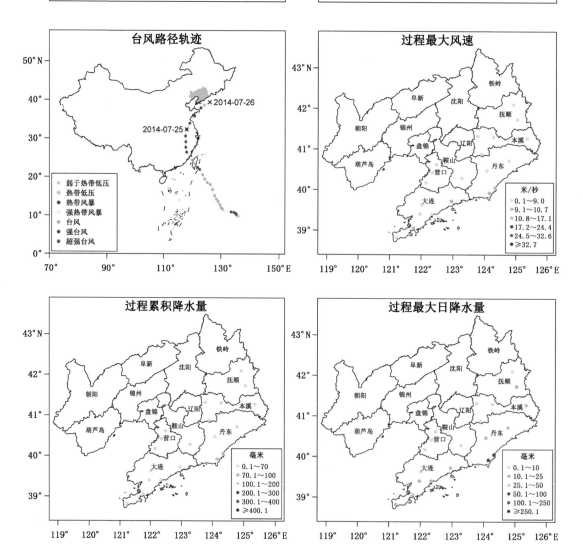

2015 年

台风信息

年份：2015

序号：9

国际编号：未编号

CMA编号：1509

名称：灿鸿（Chan-Hom）

登陆时间：未登录

登陆地点：未登录

登陆强度：未登录

生命期起止时间：2015-06-30 — 2015-07-13

生命期强度等级：超强台风

影响期起止时间：2015-07-12 — 2015-07-13

影响期强度等级：台风

致灾危险性评价

影响站点：24站

总降水量：170毫米

持续时间：2天

平均过程累积降水量：7.1毫米

过程最大累积降水量：45.6毫米(丹东)

过程最大日降水量：25.8毫米(丹东)

过程最大风速：8.3米/秒(金州)

过程暴雨站日数：0站日/0站

过程大风站日数：0站日/0站

致灾危险性等级：五级

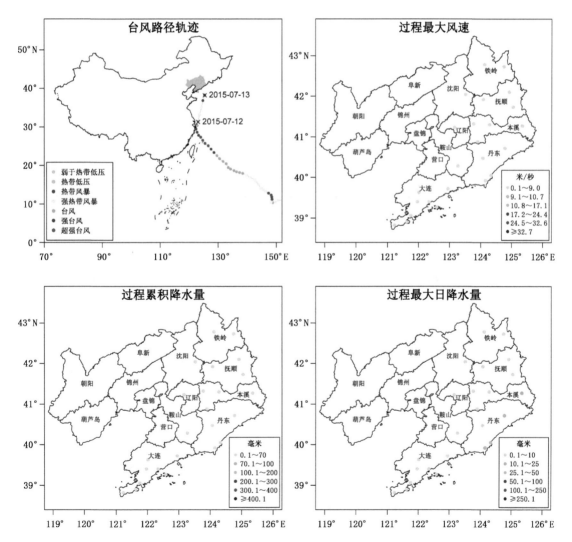

台风信息

年份：2015

序号：16

国际编号：未编号

CMA编号：1515

名称：天鹅（Goni）

登陆时间：未登录

登陆地点：未登录

登陆强度：未登录

生命期起止时间：2015-08-14 — 2015-08-27

生命期强度等级：超强台风

影响期起止时间：2015-08-25 — 2015-08-27

影响期强度等级：超强台风

致灾危险性评价

影响站点：27站

总降水量：160.6毫米

持续时间：3天

平均过程累积降水量：5.9毫米

过程最大累积降水量：37.8毫米（凤城）

过程最大日降水量：37.8毫米（凤城）

过程最大风速：8.4米/秒（庄河）

过程暴雨站日数：0站日/0站

过程大风站日数：0站日/0站

致灾危险性等级：五级

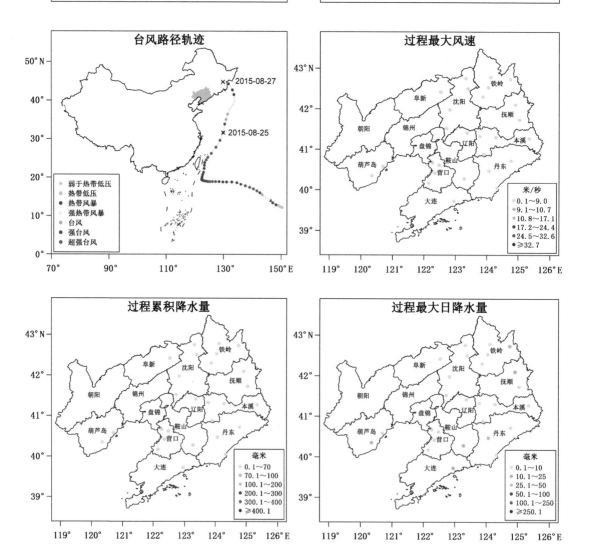

2018 年

台风信息

年份：2018

序号：11

国际编号：1810

CMA编号：1810

名称：安比（Ampil）

登陆时间：未登录

登陆地点：未登录

登陆强度：未登录

生命期起止时间：2018-07-18 — 2018-07-26

生命期强度等级：强热带风暴

影响期起止时间：2018-07-24 — 2018-07-25

影响期强度等级：热带风暴

致灾危险性评价

影响站点：32站

总降水量：665.3毫米

持续时间：2天

平均过程累积降水量：20.8毫米

过程最大累积降水量：147.9毫米（建昌）

过程最大日降水量：92.2毫米（建昌）

过程最大风速：13.5米/秒（凌海）

过程暴雨站日数：4站日/3站

过程大风站日数：8站日/8站

致灾危险性等级：四级

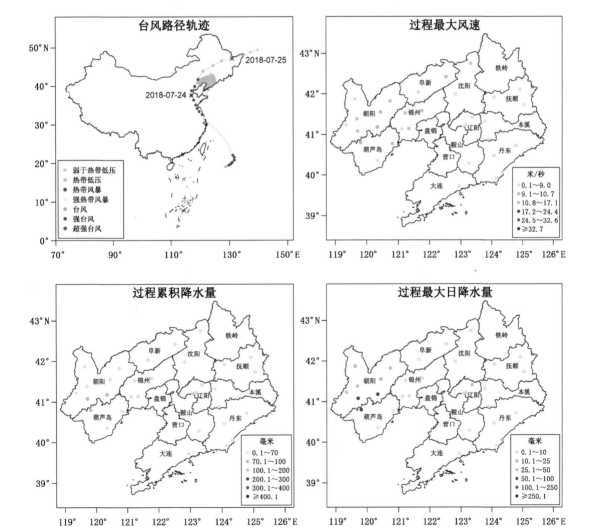

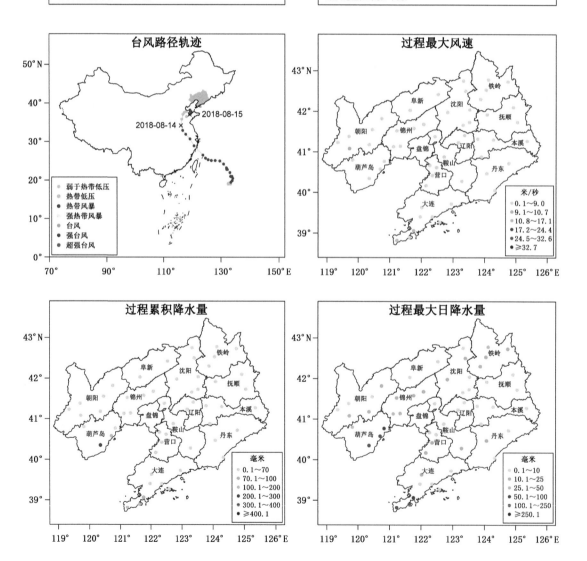

台风信息

年份: 2018

序号: 17

国际编号: 1814

CMA编号: 1814

名称: 摩羯(Yagi)

登陆时间: 未登录

登陆地点: 未登录

登陆强度: 未登录

生命期起止时间: 2018-08-07 — 2018-08-16

生命期强度等级: 强热带风暴

影响期起止时间: 2018-08-14 — 2018-08-15

影响期强度等级: 热带风暴

致灾危险性评价

影响站点: 54站

总降水量: 1395毫米

持续时间: 2天

平均过程累积降水量: 25.8毫米

过程最大累积降水量: 295.7毫米(绥中)

过程最大日降水量: 218.4毫米(绥中)

过程最大风速: 13.1米/秒(旅顺)

过程暴雨站日数: 7站日/6站

过程大风站日数: 2站日/2站

致灾危险性等级: 四级

台风路径轨迹

过程最大风速

过程累积降水量

过程最大日降水量

台风信息

年份：2018

序号：21

国际编号：1818

CMA编号：1818

名称：温比亚（Rumbia）

登陆时间：未登录

登陆地点：未登录

登陆强度：未登录

生命期起止时间：2018-08-14 — 2018-08-21

生命期强度等级：强热带风暴

影响期起止时间：2018-08-20 — 2018-08-21

影响期强度等级：热带风暴

致灾危险性评价

影响站点：58站

总降水量：3380.9毫米

持续时间：2天

平均过程累积降水量：58.3毫米

过程最大累积降水量：253.1毫米（普兰店）

过程最大日降水量：253.1毫米（普兰店）

过程最大风速：16.9米/秒（长海）

过程暴雨站日数：18站日/17站

过程大风站日数：3站日/3站

致灾危险性等级：三级

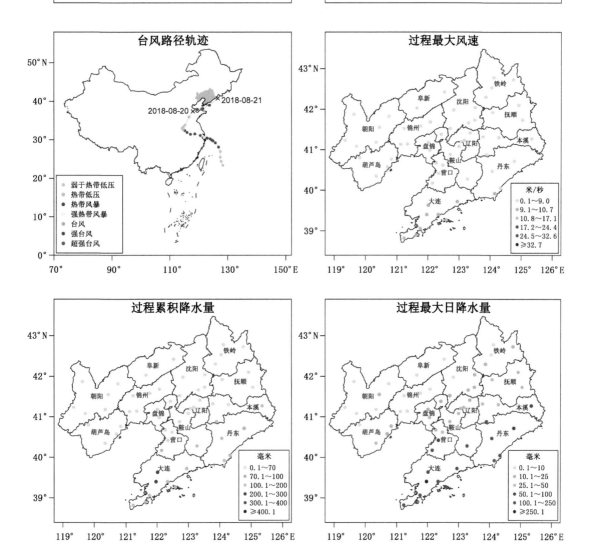

台风信息

年份：2018

序号：22

国际编号：1819

CMA编号：1819

名称：苏力（Soulik）

登陆时间：未登录

登陆地点：未登录

登陆强度：未登录

生命期起止时间：2018-08-15 — 2018-08-27

生命期强度等级：强台风

影响期起止时间：2018-08-23 — 2018-08-24

影响期强度等级：台风

致灾危险性评价

影响站点：20站

总降水量：230.2毫米

持续时间：2天

平均过程累积降水量：11.5毫米

过程最大累积降水量：57.2毫米(桓仁)

过程最大日降水量：52毫米(桓仁)

过程最大风速：8.7米/秒(长海)

过程暴雨站日数：1站日/1站

过程大风站日数：0站日/0站

致灾危险性等级：四级

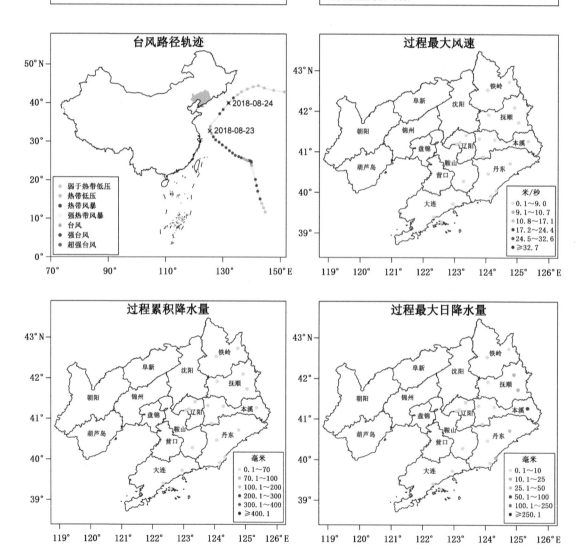

台风路径轨迹

过程最大风速

过程累积降水量

过程最大日降水量

2019 年

台风信息

年份：2019

序号：8

国际编号：1905

CMA编号：1905

名称：丹娜丝（Danas）

登陆时间：未登录

登陆地点：未登录

登陆强度：未登录

生命期起止时间：2019-07-14 — 2019-07-23

生命期强度等级：热带风暴

影响期起止时间：2019-07-21 — 2019-07-21

影响期强度等级：热带低压

致灾危险性评价

影响站点：6站

总降水量：76.6毫米

持续时间：1天

平均过程累积降水量：12.8毫米

过程最大累积降水量：20.9毫米（宽甸）

过程最大日降水量：20.9毫米（宽甸）

过程最大风速：7米/秒（桓仁）

过程暴雨站日数：0站日/0站

过程大风站日数：0站日/0站

致灾危险性等级：五级

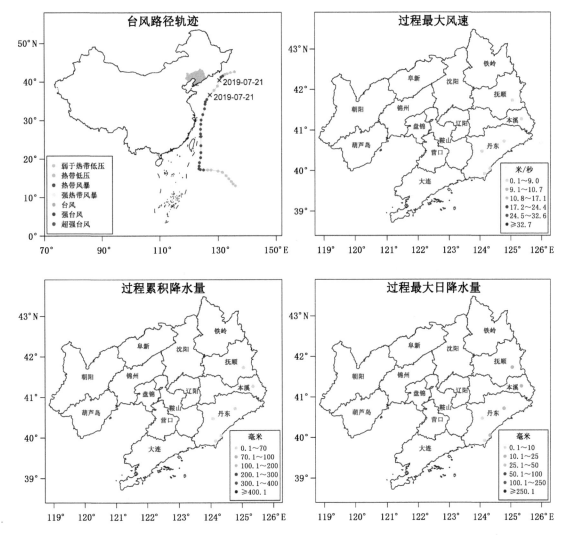

台风信息

年份：2019

序号：12

国际编号：1909

CMA编号：1909

名称：利奇马（Lekima）

登陆时间：未登录

登陆地点：未登录

登陆强度：未登录

生命期起止时间：2019-08-04 — 2019-08-14

生命期强度等级：超强台风

影响期起止时间：2019-08-11 — 2019-08-14

影响期强度等级：热带风暴

致灾危险性评价

影响站点：61站

总降水量：7049.7毫米

持续时间：4天

平均过程累积降水量：115.6毫米

过程最大累积降水量：266.2毫米(绥中)

过程最大日降水量：140.7毫米(绥中)

过程最大风速：14.4米/秒(长海)

过程暴雨站日数：46站日/36站

过程大风站日数：6站日/5站

致灾危险性等级：二级

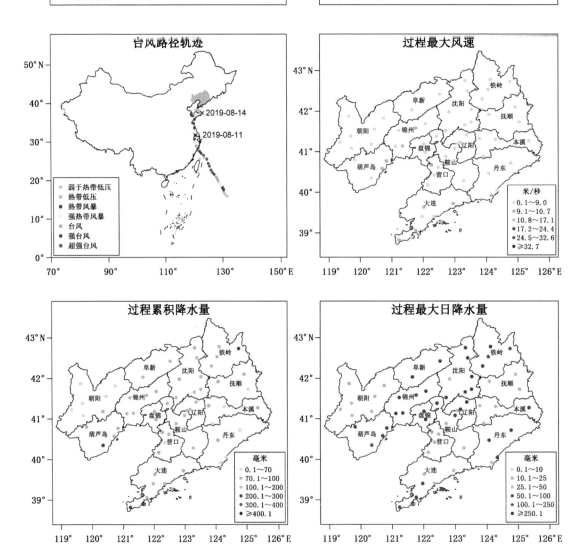

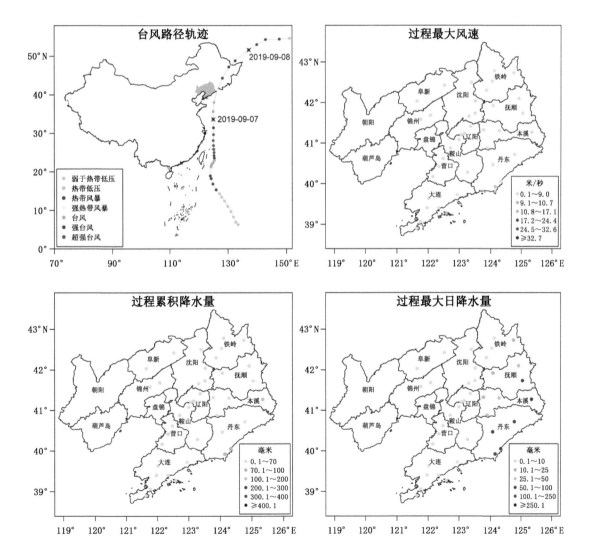

台风信息

年份：2019

序号：16

国际编号：1913

CMA编号：1913

名称：玲玲（Lingling）

登陆时间：未登录

登陆地点：未登录

登陆强度：未登录

生命期起止时间：2019-08-31 — 2019-09-11

生命期强度等级：超强台风

影响期起止时间：2019-09-07 — 2019-09-08

影响期强度等级：强台风

致灾危险性评价

影响站点：39站

总降水量：713毫米

持续时间：2天

平均过程累积降水量：18.3毫米

过程最大累积降水量：105.3毫米(桓仁)

过程最大日降水量：84.9毫米(桓仁)

过程最大风速：10.8米/秒(东港)

过程暴雨站日数：6站日/6站

过程大风站日数：1站日/1站

致灾危险性等级：四级

2020 年

台风信息

年份：2020

序号：4

国际编号：2004

CMA编号：2004

名称：黑格比（Hagupit）

登陆时间：未登陆

登陆地点：未登陆

登陆强度：未登陆

生命期起止时间：2020-08-01 — 2020-08-12

生命期强度等级：强台风

影响期起止时间：2020-08-05 — 2020-08-06

影响期强度等级：热带风暴

致灾危险性评价

影响站点：41站

总降水量：453.9毫米

持续时间：2天

平均过程累积降水量：11.1毫米

过程最大累积降水量：83.7毫米(东港)

过程最大日降水量：66.2毫米(岫岩)

过程最大风速：10.4米/秒(长海)

过程暴雨站日数：1站日/1站

过程大风站日数：0站日/0站

致灾危险性等级：四级

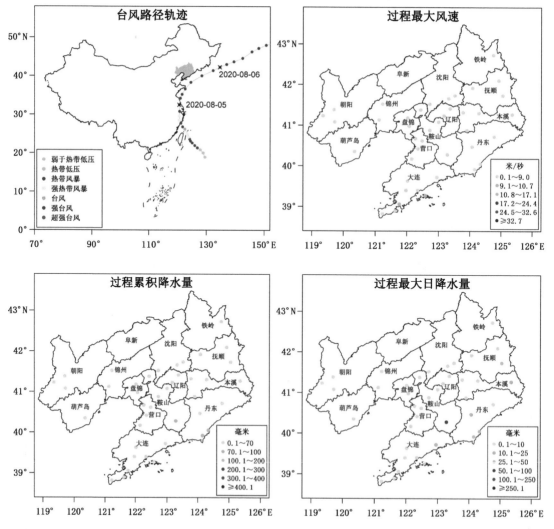

台风信息

年份：2020

序号：5

国际编号：2005

CMA编号：2005

名称：蔷薇（Jangmi）

登陆时间：未登录

登陆地点：未登录

登陆强度：未登录

生命期起止时间：2020-08-07 — 2020-08-14

生命期强度等级：热带风暴

影响期起止时间：2020-08-10 — 2020-08-10

影响期强度等级：热带风暴

致灾危险性评价

影响站点：7站

总降水量：7毫米

持续时间：1天

平均过程累积降水量：1毫米

过程最大累积降水量：2.7毫米（桓仁）

过程最大日降水量：2.7毫米（桓仁）

过程最大风速：6.1米/秒（本溪县）

过程暴雨站日数：0站日/0站

过程大风站日数：0站日/0站

致灾危险性等级：五级

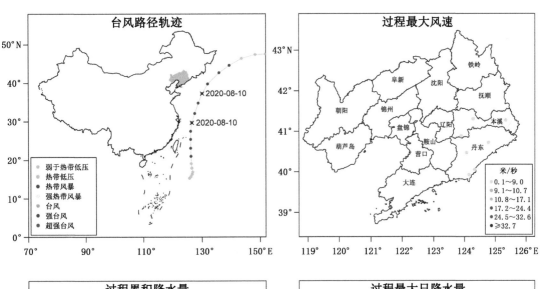

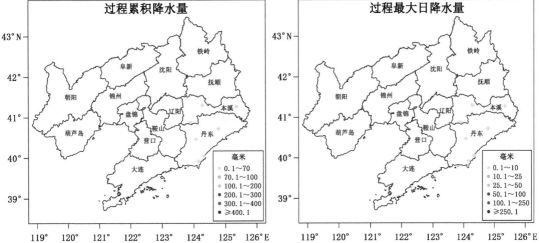

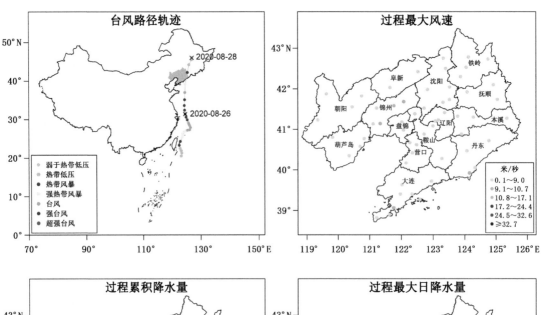

<table>
<tr><td colspan="2">

台风信息

年份：2020

序号：9

国际编号：2008

CMA编号：2008

名称：巴威（Bavi）

登陆时间：未登录

登陆地点：未登录

登陆强度：未登录

生命期起止时间：2020-08-21 — 2020-08-28

生命期强度等级：强台风

影响期起止时间：2020-08-26 — 2020-08-28

影响期强度等级：强台风
</td><td>

致灾危险性评价

影响站点：58站

总降水量：2580.3毫米

持续时间：3天

平均过程累积降水量：44.5毫米

过程最大累积降水量：131.2毫米(庄河)

过程最大日降水量：90.5毫米(金州)

过程最大风速：10.8米/秒(北镇)

过程暴雨站日数：15站日/14站

过程大风站日数：1站日/1站

致灾危险性等级：四级
</td></tr>
</table>

台风路径轨迹

过程最大风速

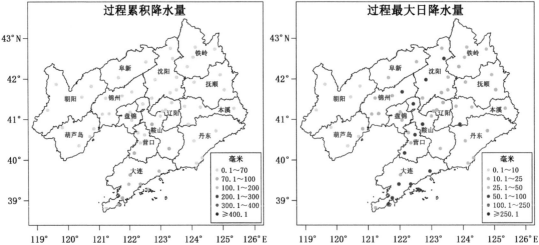

过程累积降水量

过程最大日降水量

台风信息

年份：2020

序号：10

国际编号：2009

CMA编号：2009

名称：美莎克（Maysak）

登陆时间：未登陆

登陆地点：未登陆

登陆强度：未登陆

生命期起止时间：2020-08-28 — 2020-09-06

生命期强度等级：超强台风

影响期起止时间：2020-09-03 — 2020-09-03

影响期强度等级：台风

致灾危险性评价

影响站点：38站

总降水量：965.4毫米

持续时间：1天

平均过程累积降水量：25.4毫米

过程最大累积降水量：96.9毫米（宽甸）

过程最大日降水量：96.9毫米（宽甸）

过程最大风速：11米/秒（金州）

过程暴雨站日数：4站日/4站

过程大风站日数：1站日/1站

致灾危险性等级：四级

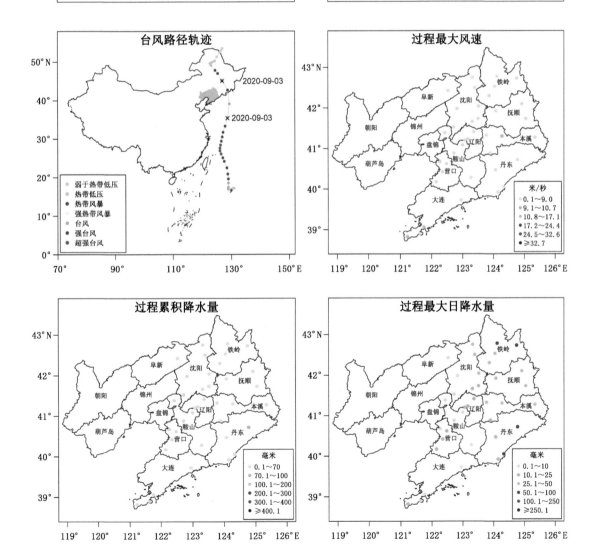

台风信息

年份：2020

序号：11

国际编号：2010

CMA编号：2010

名称：海神（Haishen）

登陆时间：未登录

登陆地点：未登录

登陆强度：未登录

生命期起止时间：2020-08-31 — 2020-09-08

生命期强度等级：超强台风

影响期起止时间：2020-09-07 — 2020-09-08

影响期强度等级：强台风

致灾危险性评价

影响站点：47站

总降水量：878.5毫米

持续时间：2天

平均过程累积降水量：18.7毫米

过程最大累积降水量：68.4毫米(本溪县)

过程最大日降水量：59毫米(本溪县)

过程最大风速：9.9米/秒(喀左)

过程暴雨站日数：1站日/1站

过程大风站日数：0站日/0站

致灾危险性等级：四级

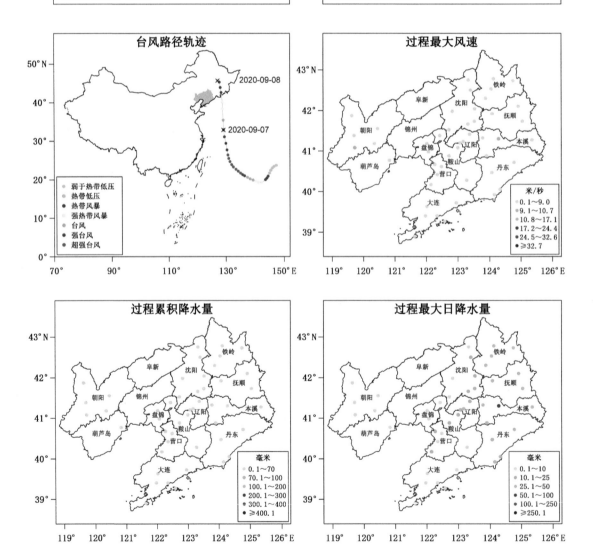

参考文献

全国气象防灾减灾标准化技术委员会,2013.台风灾害影响评估技术规范:QX/T 170—2012[S].北京:气象出版社.

任福民,吴国雄,王小玲,等,2011.近 60 年影响中国之热带气旋[M].北京:气象出版社.

张丽娟,李文亮,张冬有,2009.基于信息扩散理论的气象灾害风险评估方法[J].地理科学,29(2):250-254.

朱志存,尹宜舟,黄建斌,等,2018.我国沿海主要省份热带气旋风雨因子危险性分析Ⅰ:基本值[J].热带气象学报,34(2):145-152.